AF453182

8 S
6964

DE LA

CARTOGRAPHIE MINIÈRE

DE LA
CARTOGRAPHIE MINIÈRE

PAR

RENIER MALHERBE

INGÉNIEUR ATTACHÉ AU SERVICE SPÉCIAL
DE LA CARTE GÉNÉRALE DES MINES DE LA BELGIQUE
MEMBRE DE LA SOCIÉTÉ ROYALE DES SCIENCES ET DU CONSEIL DE SALUBRITÉ
PUBLIQUE DE LA PROVINCE DE LIÉGE, MEMBRE CORRESPONDANT DE LA SOCIÉTÉ DES SCIENCES,
ARTS ET LETTRES DU HAINAUT, DE LA SOCIÉTÉ IMPÉRIALE MINÉRALOGIQUE DE ST-PÉTERSBOURG
DE LA SOCIÉTÉ D'ÉMULATION DE CAMBRAI, DE LA SOCIÉTÉ D'AGRICULTURE, SCIENCES
ET ARTS DE DOUAI ET DE LA SOCIÉTÉ DUNKERQUOISE POUR L'ENCOURAGEMENT
DES SCIENCES, DES LETTRES ET DES ARTS

3 PLANCHES

BRUXELLES
IMPRIMERIE FÉLIX CALLEWAERT PÈRE
RUE DE L'INDUSTRIE, 26

1875

125654

DE LA
CARTOGRAPHIE MINIÈRE

PAR

Renier MALHERBE

INGÉNIEUR
ATTACHÉ AU SERVICE SPÉCIAL DE LA CARTE GÉNÉRALE
DES MINES DE BELGIQUE

INTRODUCTION.

SOMMAIRE : Programme de la cartographie minière. — Situation générale de l'Allemagne minérale à cet égard. — Comparaison sommaire avec celle de la Belgique. — Division du présent mémoire.

La cartographie minière (*), cette science embrassant l'étude des divers moyens à mettre en œuvre pour représenter d'une manière descriptive et graphique les formations minérales, est encore de fraîche date. Les éléments qui doivent intervenir dans son contexte sont actuellement, les uns disséminés dans des traités spéciaux, les autres à l'état de germe. Aucun ensemble n'est encore codifié en cette matière. Au surplus, ces éléments sont des plus multiples et des plus variés par leur nature.

En effet, la cartographie minière ne comprend pas seulement l'examen des meilleurs instruments topographiques adoptés pour fixer sur un plan la position

(*) Cette étude a été faite comme suite à une mission en Allemagne, dont l'auteur a été chargé par le Département des Travaux Publics de Belgique.

respective d'une série de points, mais encore les moyens de représentation des gisements : elle exige également l'intervention d'un mode descriptif et graphique de leur étude intime, les procédés les plus économiques et les plus parfaits de reproduction des cartes coloriées : enfin elle ne peut atteindre son but que par l'existence préalable d'établissements techniques appropriés, qui permettent d'assurer le recrutement d'hommes capables pour garantir la marche des différentes catégories de fonctions intervenant dans cet ensemble que le gouvernement de tout pays minier doit tenir à cœur de posséder aussi parfait et aussi complet que possible.

Des différents centres industriels, il n'en est guère de plus intéressant à étudier, à beaucoup d'égards en cette matière, que l'empire d'Allemagne. Il se trouve actuellement dans une période de transition entre les errements d'un certain reste du régime féodal et l'introduction partielle des principes modernes de la décentralisation administrative. L'observateur peut dès lors juger par comparaison, avec plus d'assurance et d'indépendance, la situation d'un passé qui s'éteint, et l'avenir d'une organisation récente.

L'idée mère du *self government* prévaudra-t-elle d'une manière absolue sur la mise en tutelle qui, pendant si longtemps, a régenté en Allemagne les services de l'exploitation minière ? C'est encore difficile à préciser, quoiqu'il semble que le génie national s'y accommode aisément de la liberté, mitigée par des mesures restrictives, édictées en prévision des abus qu'elle pourrait créer. Mais on peut constater, en tout cas, que les nouvelles bases qui ont prévalu dans les dispositions réglementaires générales du service des mines, entr'autres, sont empreintes d'un esprit beaucoup plus large qu'autrefois. L'État s'est dépouillé d'une partie des exploitations industrielles pour les abandonner à la libre concurrence des entreprises privées. Il conserve la haute surveillance des mines, en matière de sûreté et de police, mais n'intervient plus directement, comme autrefois, quant à l'exécution des plans. Un grand pas est donc réalisé, au point de vue de la liberté du travail.

Néanmoins, il n'est guère de pays industriels dans lesquels on puisse rencontrer, autant qu'en Allemagne, une organisation aussi puissante et aussi concentrée de certains services que comporte la cartographie minière, et auxquels le temps permettra bientôt, sans doute, de donner l'unité d'impulsion et de vie.

Tels sont les moyens de recrutement d'agents capables pour la confection des plans de mines, la multiplicité des écoles spéciales de mineurs, répandues dans tous les centres producteurs du pays, écoles dont l'industrie a tellement apprécié l'importance que certain nombre d'entre elles sont alimentées par les ressources d'une caisse spéciale, constituée par prélèvement sur la production minérale.

Le renom légitime, la célébrité même que certains spécialistes allemands ont acquis, notamment en matière de topographie et de vulgarisation des connaissances techniques y afférant, de même que la réputation européenne de plusieurs fabricants d'instruments géodésiques, y rendent les études en cette matière éminemment utiles.

Enfin, les progrès réalisés dans les procédés de reproduction des cartes minières coloriées méritent de fixer l'attention, puisque jusqu'à l'heure présente on a été, partiellement du moins, tributaire de l'Allemagne pour l'exécution de travaux de l'espèce, à prix abordable.

Si, à certains égards, et pour les motifs prémentionnés, on pourrait circonscrire à l'Allemagne les investigations dans le domaine précité, ce n'est pas à dire qu'un ensemble complet, embrassant le programme défini plus haut en matière de cartographie, y existe encore, et que l'on puisse aveuglément copier les méthodes que l'on y rencontre. Sans doute, il est probable que l'unité politique du nouvel empire, à peine achevée, fera ressortir ses pleins effets dans le domaine administratif, par la coordination et l'unification de mesures réglementaires, disparates, existant dans les différentes circonscriptions minérales de ce vaste empire. Cette diversité choque, parfois encore ; et l'intérêt industriel, autant que l'intérêt administratif, sollicite une révision sur des bases d'uniformité. Ainsi devrait-il en être en matière des lois et règlements sur les mines. Enfin, un service de la plus haute importance, qui met en œuvre tous les éléments prémentionnés, et qui ne peut être efficacement assuré qu'à la condition que ces derniers soient irréprochables, fait défaut dans l'Allemagne minérale d'aujourd'hui. C'est l'exécution, sur des bases uniformes, et par un système d'études préalables concertées par l'administration supérieure, de la carte représentative des gisements miniers. Jusqu'à présent, aucun travail d'ensemble détaillé de l'espèce n'a été commencé en Allemagne, les nombreuses cartes spéciales que l'on y a publiées sur cette matière étant conçues sans programme général qui permette de comparer à la fois les études et les résultats acquis

Aussi, peut-on dire, que si la situation, au point de vue des procédés et instruments géodésiques affectés au service des plans, de même que les garanties fournies par les agents chargés d'exécuter ces derniers, sont, en Belgique, généralement très-inférieures à celles existant en Allemagne, par contre, l'étude intime des gisements houillers notamment est loin d'être aussi avancée dans ce dernier pays que dans le nôtre. L'examen des éléments prémentionnés en cours d'usage ou d'exécution, en Allemagne et en Belgique, permettra d'apprécier d'une manière plus précise, ce que l'un peut respectivement copier chez l'autre, et l'implanter chez soi, à l'avantage des intérêts réciproques puissants qui sont en présence.

D'après ce qui précède, il y aura lieu d'examiner successivement dans des chapitres spéciaux :

Les procédés topographiques et instruments géodésiques.

La confection des plans miniers.

La confection des cartes minières.

Les procédés d'impression des cartes minières.

Les moyens propres à assurer le service de la cartographie minière.

De la discussion des faits, exposés dans chacun de ces chapitres, ressortiront par elles-mêmes les conclusions, qui feront l'objet d'un chapitre final.

CHAPITRE Ier.

PROCÉDÉS TOPOGRAPHIQUES ET INSTRUMENTS GÉODÉSIQUES.

SOMMAIRE : Procédés topographiques afférant aux : 1° instruments de nivellement : Types de niveaux à lunette. — Mires de surface et mires souterraines. — 2° Instruments de chaînage superficiel et souterrain. — 3° Instruments affectés à la mesure des angles ; Types de théodolithes. — Types de boussoles suspendues et fixes. — Observatoires.

Les procédés topographiques, quelles que soient les conditions auxquelles ils sont affectés, ont toujours pour but de déterminer les coordonnées d'un point ou d'un système de points relativement à une origine, savoir : l'altitude, la longitude et la latitude.

Trois catégories d'instruments géodésiques sont

employées séparément ou simultanément à cet effet.
Ce sont :

I. Ceux qui sont destinés au nivellement.

II. Ceux qui permettent de mesurer les longueurs horizontales et verticales.

III. Ceux qui sont affectés à la mesure des angles.

§ 1. — *Instruments de nivellement.*

Un nivellement superficiel ou souterrain peut s'opérer par deux méthodes distinctes :

Par la méthode géométrique, c'est-à-dire par la prise directe, au moyen d'instruments y affectés, de la différence de niveau entre deux points déterminés.

Ou par la méthode trigonométrique, c'est-à-dire par le calcul de cette différence, en prenant l'inclinaison angulaire des visées au moyen des klinomètres. Cette méthode n'est spécialement appliquée que pour les opérations ordinaires du lever des plans dans les mines. Là, comme au jour, chaque fois qu'il s'agit d'obtenir une exactitude rigoureuse dans les résultats, on doit recourir à la première.

Les instruments de précision pour le nivellement sont : les niveaux à lunette et les mires.

Les niveaux à lunette ont donné lieu aux dispositions les plus multiples. Chaque constructeur, presque, a cru pouvoir présenter un type qu'il croyait préférable à celui de son concurrent. Il n'entre nullement dans mon but de décrire en particulier les spécimens nombreux de niveaux que l'on rencontre dans les divers siéges de l'administration des mines allemandes, comme dans les collections des écoles spéciales. Si, en général, ces instruments sont très soignés dans les détails, l'ensemble pèche souvent par une certaine massivité. Or, un niveau étant un instrument qui doit être constamment transporté d'un point à un autre, réclame la plus grande légèreté possible, alliée à une solidité suffisante, et à la plus grande simplicité.

L'appareil qui, à part le reproche général ci-dessus signalé, m'a paru réunir les meilleures qualités d'agencement, est celui qui a été construit à Clausthal, d'après les indications de **M.** Borchers, et dont cet éminent géomètre s'est servi pour beaucoup d'opérations délicates. La table sur laquelle s'installe l'appareil est maintenue par trois jambes fort solides qui, grâce à des coulisses, peuvent être allongées ou raccourcies. La tige du pivot de l'instrument se termine par une queue avec ressort à boudin, laquelle, traversant la table, permet de donner **au** niveau la tension voulue. Les vis calantes portent sur des plateaux en cuivre. Dans les collets d'un support fixé sur l'axe du pivot, pénètre, à frottement, la lunette, sur laquelle se superpose, également à frottement, un niveau à bulle d'air.

La possibilité de faire tourner la lunette sur son axe, dans les collets où elle s'engage, est une disposition précieuse ; ainsi peut-on s'assurer si elle est bien réglée.

On doit aussi vérifier, en plaçant le niveau inversement, si son axe est parallèle à l'axe géométrique de la lunette, et, dans la négative, rectifier ce parallélisme au moyen des vis de rappel, que porte le niveau.

Enfin, on doit vérifier, avant de procéder à une opération, si les collets, dans lesquels pénètre la lunette, sont bien circulaires, et d'un égal diamètre. On y parvient en faisant tourner la lunette, et observant si la bulle conserve la même position.

Dans l'installation de l'instrument, on ne pourrait prendre trop de précautions pour qu'il soit rigoureusement de niveau. Des circonstances extérieures, même faibles, peuvent à cet égard induire en erreur. La chaleur du corps suffit pour déplacer la bulle. Aussi, l'opérateur doit-il toujours se placer latéralement, de manière à neutraliser cette influence. De même, on doit éviter l'insolation, et lorsqu'elle est à craindre, garantir l'appareil au moyen d'un abri.

Dans tout nivellement, il faut, autant que possible, s'installer à égale distance des visées d'avant et d'arrière, pour neutraliser l'influence de la sphéricité terrestre, et surtout de la réfraction.

Tandis qu'à la surface, on installe toujours le niveau sur un trépied, il arrive fréquemment que dans les mines où les galeries ne sont pas fort élevées, il est plus avantageux de le placer sur une pièce de bois encastrée dans les parois de la voie.

M. Lyngke et Cie, à Freyberg, construit un type de niveau, beaucoup plus simple et plus léger que le précédent. Dans la tige terminale du trépied pénètre une douille en cuivre qui, à son extrémité supérieure, sert d'axe de rotation à la tablette du niveau. Sur cette tablette, est établi un niveau à bulle d'air. Au dessus est installée la lunette, pénétrant dans les collets du support, terminant la tablette à angle droit. Pour mettre l'instrument horizontal, la partie supérieure de la douille porte quatre vis de rappel, agissant horizontalement sur l'axe de support, et qui, plus ou moins serrées, permettent de donner à celui-ci la position voulue. (Fig. 7, pl. IX.)

Sans doute, ce type ne présente pas les conditions de précision rigoureuse fournies par le précédent ; mais il échappe au reproche de massivité signalé plus haut.

Certaines dispositions, entr'autres de M. Osterland, à Freyberg, sont intermédiaires entre les précédentes. La fig. 8, pl. IX, en fournit un spécimen avec un mode d'installation de mise de niveau breveté, mode qui sera décrit plus loin.

Mires de surface. — La mire qu'emploie toujours M. Borchers, dans ses nivellements de surface, fig. 1 et 2, pl. IX, se compose d'une tige graduée, en bois de pin, de 5^m,22 de longueur, et munie d'une entaille carrée transversale, dans laquelle peut glisser le disque circulaire de visée ; ce dernier est relié par un cordeau passant dans la gorge de poulies en cuivre jaune dont l'une est placée en haut et l'autre en bas de la mire. Un niveau circulaire, à bulle d'air, est installé sur un petit support vers le bas de celle-ci, quoiqu'il soit préférable de placer l'instrument verticalement à l'aide d'un fil à plomb.

On lit directement à la lunette la hauteur observée pour des distances ne dépassant pas 80 mètres.

Pour des distances plus grandes, on lit au moyen du disque, et le géomètre contrôle la lecture de l'aide. Pour niveler dans les montagnes, on a soin, à l'effet d'utiliser la plus grande partie possible de la mire, sans tâtonnements, de partager au préalable les stations par parties égales.

Dans les plaines, alors que l'on peut procéder par longues stations, un ciel un peu couvert est convenable. Sous l'influence du soleil, les points de visée ne sont pas aussi précis à cause du mouvement des couches de l'atmosphère, conséquence de leur dilatation.

En général, les géomètres allemands ne se servent guère que de mires parlantes, qui permettent d'opérer plus rapidement. Elles se replient en deux ou trois tronçons.

Mires souterraines. — M. Borchers a adopté une disposition spéciale de mire souterraine. Une tige prismatique est appendue librement par un crochet au ciel de la galerie. Cette tige est munie d'un disque circulaire se mouvant à frottement doux, et retenu à volonté par une vis de pression Suivant un diamètre horizontal du disque, sont percées dans celui-ci trois ouvertures circulaires, deux latérales de 0^m,01 de diamètre, et dont l'une peut être recouverte par un verre dépoli ; la troisième, beaucoup plus petite, est située entre la tige et la seconde ouverture circulaire ; une règle, servant d'espèce de vernier, et dont le zéro correspond au diamètre précité, est mobile le long de la tige. (fig. 3, 4, pl. I.)

Pour de très-courtes stations, on vise sur la petite ouverture circulaire derrière laquelle est placée une lampe de mineur et l'on élève ou abaisse le disque jusqu'à ce que le réticule horizontal de la lunette couvre le diamètre de cette ouverture. On obtient ce résultat après quelques tâtonnements ; on serre dans ce cas la vis pour fixer le disque, et on lit sur l'index le niveau de l'axe optique de la lunette.

Pour des stations d'environ 200 mètres, on utilise la grande ouverture circulaire, en abaissant le verre dépoli et, pour des visées plus fortes encore, on relève ce verre. Si l'installation de cette mire réclame un peu plus de temps que l'emploi de simples jalons avec lampe de mineur, elle présente des avantages incontestables d'exactitude, non-seulement quant à la verticalité de sa position, mais encore et surtout quant à la prise exacte du point de visée.

M. Borchers déclare, au surplus, l'avoir toujours employée, avec succès, dans ses opérations de nivellement.

M. Osterland, constructeur à Freyberg, fabrique des mires à réflexion, c'est-à-dire munies d'un miroir ; elles sont employées lorsque, dans une galerie, on ne peut voir la lumière directement à cause de l'élévation du point de visée, fig. 6, pl. I. Je citerai enfin les mires souterraines de M. Breithaupt, à Cassel, fig. 5, pl. I.

La méthode trigonométrique de nivellement n'est utilisée que dans les opérations ordinaires concurremment avec celles relatives au lever des plans. Les instruments affectés à la mesure des pentes ne présentent guère de type nouveau qui mérite d'être renseigné; les plus simples sont toujours les meilleurs.

§ II — Instruments de chaînage.

Pour le mesurage des longueurs, deux méthodes sont encore en usage : la méthode géométrique et la méthode trigonométrique, celle-ci recourant aux calculs, celle-là transmise par l'observation directe.

Les instruments employés sont : les règles en bois ou en métal, les cordeaux ou rubans en chanvre, en bronze ou en acier, les chaînes en fer ou en cuivre.

Le mesurage d'une longueur est sans doute l'une des opérations à la fois des plus simples, en elle-même, et des plus difficiles en réalité, lorsqu'on veut atteindre un degré de précision rigoureuse. Aussi peut-on constater à quels procédés compliqués, parfois, les géomètres allemands ont cru devoir recourir pour réaliser ce but. Ces opérations, lorsqu'elles se rapportent surtout à l'établissement d'une base, réclament des soins d'une minutie considérable, et, par suite, sont d'une extrême lenteur. Elles exigent au préalable un jalonnage précis.

Chaînage superficiel. — Généralement les géomètres allemands emploient, à la surface, une chaîne en fil de bronze de 10 mètres de longueur, s'enroulant sur un estomac en bois. Elle est fortement tendue et fixée au moyen de picots sur des chevalets que l'on échelonne le long de l'intervalle à mesurer. Un déclimètre permet de prendre la pente sur chaque partie du cordeau, entre deux chevalets, et l'on calcule la longueur horizontale correspondante au moyen des tables de sinus.

Quoique l'expérience ait prouvé que ce procédé trigonométrique est plus précis que le chaînage direct tel qu'on le pratique dans notre pays, il n'est employé toutefois que pour des opérations qui réclament seulement un degré de précision ordinaire.

Lorsqu'il s'agit d'opérations délicates, telles que la mesure d'une base, par exemple, M. Borchers applique et recommande la méthode suivante qui, on le reconnaîtra, exige beaucoup de temps et de soins. On enfonce des picots à la distance de 4 mètres, rigoureusement contrôlée au moyen d'une règle étalon d'égale longueur. On tend fortement sur ces picots un cordeau horizontal : ayant déterminé avec précision, au moyen du fil à plomb, la position des points terminaux de la base, on pose, à partir de l'un d'eux, sur le cordeau tendu une règle en acier, ronde de $0^m,002$ de diamètre et de 4 mètres de longueur. On marque l'extrémité de la règle avec un fil de l'épaissseur d'un cheveu, et l'on poursuit le mesurage jusqu'au bout de la base, de la même manière. S'il y a une fraction de mètre à apprécier, on la mesure à l'échelle étalon également en acier. M. Hörold, géomètre-inspecteur (Obergbergmarkscheider) à Breslau, simplifie cette méthode comme suit : au lieu d'une règle étalon en acier, de 4 mètres, il emploie une règle en bois de 2 mètres ; l'un des opérateurs tient le double mètre, l'autre fixe le point extrême contre l'ongle du pouce gauche, avance la règle de la main droite et ainsi de suite. On contrôle le chaînage en mesurant une première fois en avant et une seconde fois en revenant.

Des règles à béquilles sont usitées en Allemagne

pour la mesure des longueurs sur des terrains inclinés.

La chaîne est proscrite pour toute opération de précision ; indépendamment de ses vices généraux, inhérents à sa nature, elle présente encore l'inconvénient que les erreurs ne se compensent point Pour des opérations ordinaires à la chaîne, les géomètres allemands, dans les arpentages en terrains accidentés, se servent de jalons ferrés que l'on fait passer dans les anneaux terminaux de la chaîne : on peut ainsi la maintenir suivant l'aplomb à hauteur voulue d'horizontalité.

Chaînage souterrain. — Les méthodes usitées sont assez variables dans le chaînage des galeries de mines : si la voie est sensiblement horizontale, M. Olbrich, géomètre (markscheider) à Waldenbourg, chaîne directement et sans calcul ; si elle est inclinée, il déroule la chaîne en fil de bronze en l'accrochant aux boisages suivant une pente quelconque, à des distances variables, selon l'occurrence, mais toujours d'un nombre de mètres déterminé, et calcule les longueurs horizontales correspondantes, après avoir pris les pentes successives. Il reconnaît toutefois qu'il est plus exact de tendre un cordeau en chanvre, et d'en mesurer la longueur inclinée, soit au rouleau d'acier, soit au double mètre en bois, puis de calculer la longueur horizontale d'après la pente. En effet, par la tension, les chaînes en fil de bronze s'allongent. On a constaté toutefois que cet allongement, très faible à vrai dire, ne se manifeste que lorsque la chaîne est neuve. Quoiqu'il en soit, il faut la vérifier chaque fois avant de commencer une opération.

M. Hörold condamne l'emploi de cette chaîne pour une autre cause : il est rare qu'elle soit toujours parfaitement droite. C'est pour ce motif qu'il recourt à un cordeau en chanvre, fortement tendu, et dont il mesure le développement au double mètre en bois. De plus, il prend la pente, non pas **au milieu**, mais aux deux extrémités du cordeau, parce que, quoiqu'on fasse, il existe toujours au centre une légère dépression, et, selon que le cordeau est plus ou moins incliné, le point d'inflexion maximum peut ne pas être au milieu. En prenant la pente aux deux extrémités, et la moyenne des deux observations, on est en tout cas certain du résultat, quelles que soient les influences de sécheresse et d'humidité variables à ces deux extrémités. Il a soin, en outre, dans la mesure de la pente, de placer à la seconde observation, le déclimètre dans un sens inverse, pour neutraliser les effets possibles d'une déviation. Dans la mesure d'une base au fond d'une mine, M. Borchers dispose sur le sol de la voie un plancher provisoire, tend un cordeau très-fortement, maintenu bien horizontal, puis mesure cette longueur au moyen de ses règles rondes en acier de 2 mètres de diamètre, comme pour la surface.

Tels sont les types des différents modes de chaînage usités dans les mines allemandes.

Mesurage des puits. — S'il s'agit de mesurer la profondeur d'un puits, l'opération usuelle pour des cas de précision ordinaire, consiste à se servir de la chaîne en fil de bronze, fixée suivant des lignes brisées le long d'une des parois du puits, et à calculer la verticale d'après les inclinaisons correspondantes.

Pour des opérations délicates, M. Borchers a fait construire un outillage spécial. Voici comment il procède :

Dans les paliers successifs d'un compartiment du puits à mesurer, un trou circulaire suivant une verticale est perforé, par lequel on fait passer un assemblage de tiges rondes en fer de 6 millimètres de diamètre et de 2 mètres de longueur chacune. L'ajustement bout à bout d'un jeu de 10 tiges de l'espèce est obtenu au moyen de manchons en cuivre formant double écrou, et embrassant les extrémités de deux tiges successives.

Une échancrure, ménagée au milieu des manchons, permet de s'assurer de l'exacte juxtaposition des deux bouts de tiges. On fait les corrections nécessaires relatives à la température en mesurant cette dernière à chaque palier, au moyen d'uu thermomètre. Avant de se servir de ces tiges, elles ont été soumises à une forte tension, expérience qui a démontré l'inutilité d'une correction du chef de l'allongement.

Les fractions de mètre sont prises au moyen d'une échelle spéciale.

M. Borchers déclare avoir toujours obtenu, par cette méthode, des résultats du plus haut degré de précision.

Une méthode plus expéditive, calquée sur celle de Benzenberg, est employée par M. Hörold. Elle consiste à laisser descendre jusqu'au premier accrochage un cordeau dans le puits, cordeau tendu par des poids ; on le remonte ensuite, en le faisant tourner sur un tambour placé à la surface, et avec la même tension ; on mesure cette longueur au double mètre au fur et à mesure que l'enroulement s'opère : puis on s'installe au palier du premier accrochage et on laisse descendre le cordeau jusqu'au deuxième accrochage. On le remonte jusqu'au premier par le même procédé : on mesure comme ci-dessus, et ainsi successivement. C'est la méthode de Ferminy.

La méthode de Benzenberg est plus rigoureuse que cette dernière. La voici : sur la margelle du puits, on dresse solidement une latte bien droite, et exactement graduée. A sa partie supérieure est adaptée une petite roue en laiton, et, à sa partie inférieure, à angle droit, un morceau de tôle fine, perforée d'un trou. Un mince fil de fer se déroulant d'un tambour, s'engage dans la gorge de la poulie, descend le long de la latte, traverse la petite tôle et descend dans le puits jusqu'à la première galerie où il est tendu par un poids. On marque exactement sur le fil le point correspondant au niveau de la galerie et on le remonte en manœuvrant le tambour : on mesure sur la latte la longueur correspondante au fur et à mesure de l'enroulement.

Toutefois, ce procédé n'est pas considéré par M. Borchers comme pouvant fournir, malgré les précautions employées, un degré d'exactitude suffisant quand il s'agit d'opérations rigoureuses.

Lorsque le puits dont il faut mesurer la profondeur est incliné sur l'horizontale, M. Borchers recourt à son procédé par jeux de tiges en fer assemblées successivement d'un palier au suivant ; parfois il faut créer des paliers supplémentaires lorsque la pente l'exige.

Le système forme ainsi une série de verticales dont le nombre de tiges fournit le développement.

§ III. — *Instruments affectés à la mesure des angles.*

Les différentes combinaisons d'instruments affectés à la mesure des angles peuvent se grouper autour de deux types : le théodolithe et la boussole. Si les opinions sont unanimes pour reconnaître la supériorité du théodolithe sur la boussole dans le lever précis des plans, on peut constater que l'emploi du premier de ces instruments est cependant l'exception pour les mines de houille, celui du second, la règle. Sans doute, des spécialistes hors ligne, tels que MM. Borchers et Weisbach, n'ont guère recouru qu'au théodolithe, mais la grande généralité des géomètres emploie la boussole, même pour des opérations délicates. Cette situation est plus accusée encore en Belgique, où l'usage du théodolithe souterrain est exceptionnellement rare.

Plusieurs circonstances expliquent cet état de choses. Théoriquement, on peut obtenir avec le théodolithe des résultats mathématiquement exacts. En égard aux accidents inhérents à sa nature, la boussole ne permet pas de les espérer toujours. Par contre, le premier réclame une dextérité hors ligne, une habileté supérieure ; le second, dans les mains d'un opérateur ordinaire, fournit des résultats acceptables dans beaucoup de cas. Le théodolithe de mines réclame, au surplus, des voies assez élevées, et exige beaucoup de temps et de soins pour son installation précise, la lecture méticuleuse du vernier et les répétitions. Toutefois, il convient de rappeler que si, avec le théodolithe, on fait une erreur au point de départ, elle se multiplie, tandis qu'avec la boussole, si l'on n'en commet pas de nouvelles, les lignes de report restent parallèles et la déviation initiale ne s'aggrave point. D'autre part, l'expérience prouve que les erreurs à la boussole se compensent l'une l'autre sur l'ensemble d'un lever exécuté par un opérateur habile.

En cet état de cause, l'opinion de la plupart des géomètres allemands est qu'on ne peut généraliser dans les mines de houille l'emploi du théodolithe, mais l'utiliser uniquement pour contrôler l'exactitude du lever des grandes galeries principales, ou bien pour les opérations préalables à l'enfoncement d'un puits sous stock, ou bien encore pour le report précis des positions initiales d'une exploitation, c'est-à-dire pour fixer la position respective de ses puits.

Théodolithe. — Le théodolithe est, pour ainsi dire, le seul instrument qu'emploie M. Borchers pour la mesure des angles, fig. I, pl. II. En ce qui concerne les opérations de précision, il condamne la boussole d'une manière absolue.

Le théodolithe se compose comme suit :

1° D'un trépied à vis calantes sur lequel s'installe l'instrument au moyen d'un écrou central.

2° D'un limbe horizontal gradué, fixe par rapport à une alidade mobile, mais que l'on peut généralement faire tourner en même temps que cette dernière autour de l'axe vertical central, cas où le théodolithe est dit à répétition. En procédant à la lecture des visées angulaires par répétition, et prenant une moyenne, on corrige les erreurs d'observation, une erreur se divisant par le nombre de répétitions ; à cet effet, on fait tourner chaque fois tout le système, pour viser le même point, après avoir fixé par une vis de pression l'alidade au limbe. On fait trois, cinq répétitions, et même un plus grand nombre, selon le degré de rigueur voulu.

3° De l'alidade précitée concentrique au limbe, et munie d'un vernier.

4° D'une lunette permettant de viser les directions et reliée à l'alidade par deux supports latéraux. Généralement l'axe de cette lunette est dans l'axe de l'instrument ; elle est établie parallèlement au diamètre 0°-180° de l'alidade.

5° D'un cercle gradué vertical, monté sur l'axe de rotation de la lunette ; il est destiné à mesurer les angles de pente par rapport à un index fixe.

6° Enfin, deux niveaux à bulle d'air, l'un sur le limbe, l'autre sur la lunette, assurent l'installation horizontale de l'appareil. Des loupes facilitent la lecture de la graduation du vernier et parfois du cercle vertical.

Tels sont les organes essentiels d'un théodolithe, qui sont agencés de différentes manières, chaque constructeur ayant cherché, sinon à créer un type, du moins à apporter des modifications dans l'ensemble ou les détails.

Avant de se servir de l'instrument, il faut procéder à certaines vérifications.

La première est de s'assurer si la lunette se meut dans un plan rigoureusement vertical. A cet effet, on vise sur un fil à plomb, fortement tendu, et l'on examine si le réticule vertical de la lunette reste parfaitement dans l'axe du fil à plomb, quel que soit l'angle d'inclinaison de la visée.

Pour corriger l'effet de l'excentricité de la lunette, qu'elle soit latérale ou centrale, on fait deux observations : on vise une première fois sur un point ; on répète cette opération en faisant subir à l'instrument une demi-révolution horizontale en tournant la lunette de 360°, dans un plan vertical. On prend la moyenne de l'écart. S'il s'agit de procéder à un lever de plan dans une galerie de mine au moyen du théodolithe, on opère comme suit :

L'instrument est établi sur une pièce de bois, support encastré dans les parois de la galerie, à moins que celle-ci ne soit assez élevée pour permettre l'installation sur un trépied. Il faut d'abord centrer parfaitement l'axe du théodolithe sur le point de station. A cet effet, au moyen d'un compas, on trace sur le support, de ce point comme centre, un cercle capable du triangle formé par les vis calantes. C'est la méthode usuelle. Puis, on vise sur la première station en arrière, l'instrument étant placé en avant sur la voie. On répète trois fois au moins sur cette première station. On vise ensuite sur une seconde station en avant, et l'on répète de même. On chaîne la distance comprise entre les deux points de stationnement, directement suivant le sol de la galerie si elle est horizontale. Dans le cas opposé on mesure la longueur sur un cordeau fortement tendu, et l'on calcule l'horizontale d'après la pente observée. On poursuit les mêmes opérations sur le développement du polygone à lever.

Les théodolithes, avec ou sans répétition, sont ou non pourvus d'une boussole, et, dans ce dernier cas, M. Lyngke, de Freyberg, les construit parfois en acier pour diminuer les dimensions des pièces de support et des autres organes, et alléger le poids de l'appareil sans nuire à la solidité. Parfois enfin, l'instrument est muni d'une simple aiguille aimantée encastrée dans une boîte surmontée d'une glace, fig. 5, pl. II.

Différentes dispositions ont été imaginées pour faciliter la mise en position horizontale de l'appareil et le centrer exactement au point de station.

Ainsi M. Lyngke emploie pour l'installation horizontale d'un théodolithe de faible portée, quatre vis de rappel agissant horizontalement sur la tige verticale du support, fig. 6, pl. II.

M. Osterland, constructeur à Freyberg, relie la lunette à l'alidade au moyen d'un support semi-circulaire; cette disposition, plus légère, rend la lecture plus facile; il substitue aux vis calantes une disposition qui lui appartient, et qu'il applique également dans la construction de la lunette de nivellement représentée, fig. 8, pl. I. Voici en quoi elle consiste :

Indépendamment de deux vis de pression agissant horizontalement sur l'axe vertical de support, ce dernier repose à sa base sur une rondelle en cuivre, coupée comme lui en biseau : de la sorte, en faisant mouvoir latéralement le support sur son siége, l'appareil prend une position d'inflexion qui permet très-promptement son installation horizontale; un niveau à bulle d'air sert à la vérifier.

Le même constructeur a adopté une disposition spéciale à l'effet de pouvoir, après une installation approximative de l'instrument au point de station, l'y centrer d'une manière rigoureusement exacte : pour atteindre ce but, sous la rondelle en cuivre précitée, est un disque également en cuivre et muni d'une échancrure rectangulaire dans laquelle on peut faire mouvoir l'instrument jusqu'à ce que son axe tombe juste sur le point de station.

Pour arriver au même résultat, M. Hörold, géomètre-inspecteur (Oberbergmarkscheider) à Breslau, procède comme suit dans un lever de mine : il fixe, au moyen de vis, sur la pièce de bois qui doit supporter le théodolithe, une plaque triangulaire en cuivre, munie au centre d'une ouverture circulaire dans laquelle se croisent deux fils à angle droit, leur intersection ayant été préalablement projetée sur le point de station ; ce centre de figure étant également celui de la plaque triangulaire dont les trois sommets présentent un encastrement pour les vis calantes du théodolithe, on est certain d'un centrage parfait.

La délicatesse des organes existant dans la plupart des théodolithes, la multiplicité de ces organes et les difficultés qui en résultent pour l'emploi de ces instruments dans les mines ont engagé M. Breithaupt, constructeur à Cassel, à rechercher une disposition plus simple, plus compacte, moins embarrassante et plus légère à la fois. Son théodolithe, fig. 2, pl. II, d'un entretien relativement facile, et ne pesant que 2 1/2 kilogs, se compose d'un limbe horizontal avec alidade, d'un limbe vertical excentriqne avec alidade et lunette surmontée d'un niveau à bulle d'air. Au-dessus de l'axe de support est placée une boussole sous laquelle un niveau à bulle d'air est fixé. Les réticules de la lunette sont remplacés par une plaque de verre, présentant deux traits, se coupant, au centre, à angle droit. Pour remédier à l'excentricité de la lunette, on emploie, avec cet appareil, des mires d'une égale excentricité. Une autre disposition, avec lunette centrale, est renseignée, fig. 3, pl. II. La fig. 5, pl. I représente la mire, et la fig 4, pl. II, la boussole que l'on adapte à l'appareil excentriquement pour prendre une direction. On peut également faire servir ce théodolithe aux nivellements.

Quoique cet instrument soit d'un maniement beaucoup plus facile que les autres théodolithes, il est loin d'être généralisé dans les opérations de la géodésie souterraine. On reconnaîtra, du reste, que si les soins minutieux réclamés par ces appareils dans leur installation, sont allégés par la disposition de M. Breithaupt, la lecture précise de la graduation pour obtenir des observations rigoureuses, exige également beaucoup de peine et de temps, alors surtout que les moyens d'éclairage dont on dispose dans les mines laissent toujours à désirer, lorsque même on a l'espace nécessaire pour se mouvoir et observer à l'aise. De là vient que les géomètres ne s'en servent ordinairement que pour des opérations de contrôle, ou le tracé de bases rigoureusement exactes; et dans ce cas ils recourent à l'un des types précédemment décrits.

Telle est l'opinion générale des hommes spéciaux, parmi lesquels je citerai celle de M. Jüttner, géomètre-inspecteur (Oberbergmarkscheider) de l'administration des mines (Bergamt), à Dortmund, de M. Olbrich, géomètre (markscheider), à Waldenbourg, etc.

L'emploi du théodolithe présente encore l'inconvénient qu'il ne possède pas en lui-même de moyen d'orientation : cet inconvénient disparaît lorsque l'exploitation minière dans laquelle on l'utilise a deux puits en communication, fournissant une base de direction. Mais, lorsqu'il n'existe qu'un puits, on est obligé

de recourir à des opérations préliminaires spéciales.
Deux moyens peuvent être employés à cet effet. On
prend, comme direction initiale superficielle, l'un des
longs côtés du puits, et l'on fait descendre jusqu'à
l'accrochage deux fils à plomb partant de ces points
extrêmes. Pour éviter tout ballottement, l'extrémité de
ces fils à plomb plonge dans un bassin d'eau. Lorsque
l'on a obtenu ainsi la position exacte, à l'accrochage,
de la direction superficielle, on mesure une base
dans la galerie de la mine, et aussi éloignée que possible du puits ; ensuite, des extrémités de cette base,
on vise successivement avec le théodolithe sur les deux
fils à plomb. On obtient ainsi des relations qui permettent de rattacher à ces points initiaux les opérations
des levers ultérieurs.

Un second moyen consiste dans l'emploi de la boussole, moyen auquel M. Neupert, géomètre de l'Administration (markscheider), à Freyberg, recourt ordinairement. On vise au jour, à la boussole, la direction
de l'un des longs côtés du puits, et, immédiatement on
se transporte au fond, et l'on prend la même direction.

Ces opérations, très-délicates, doivent être faites
avec beaucoup de soin pour obtenir des résultats
précis.

Toutefois, les théodolithes surmontés d'une boussole, donnent les moyens d'obtenir une direction.

On préfère, néanmoins, en général, le théodolithe à
répétition, sans boussole.

Boussole. — Dans leurs opérations usuelles, les
géomètres de mines allemands ont recours à la boussole.

Cet instrument présente, en effet, les avantages de
la rapidité et de la simplicité des opérations. Malheureusement, lorsque surtout le type adopté n'est pas en

lui-même irréprochable, il occasionne de nombreuses causes d'erreurs pour la rectification desquelles il faut recourir à des tâtonnements et dépenses de temps qui écartent parfois dans la pratique journalière l'emploi des procédés y afférant.

Grâce à d'heureuses dispositions, on a pu amoindrir une partie de ces défauts. Mais, quoiqu'on fasse, la lecture précise, rigoureuse, de la graduation est toujours des plus difficiles, alors surtout que l'aiguille est très-sensible, et que l'on ne peut préciser qu'approximativement les fractions de la graduation.

Les divergences résultant des perturbations météoriques ou des influences magnétiques sont parfois insaisissables.

La déclinaison est-elle la même à un moment et un lieu donnés pour toute profondeur? Bien loin que la loi de ces modifications soit connue, toutes les causes éventuelles de perturbation ne sont peut-être pas encore dévoilées.

Ces observations générales s'appliquent spécialement au système de boussole employé dans notre pays, laquelle est installée sur trépied, et dont la lunette est excentrique relativement à l'axe de l'aiguille aimantée.

La boussole allemande, appelée *compas*, est à double suspension; pour opérer dans les mines, elle est appendue au cordeau fortement tendu, contre les boisages des galeries, et servant à mesurer les longueurs inclinées, dont on calcule la projection horizontale, fig. 1, pl. III.

Quand on opère à la surface, le cordeau supportant la boussole est fixé sur de petits chevalets, placés de distance en distance; il est plus simple toutefois d'employer, dans ce cas, la boussole sur trépied.

La méthode allemande présente, dans les mines, les avantages de la simplicité, d'une extrême rapidité, et d'une exactitude plus grande au point de vue de la fixation rigoureuse de chaque point de station. On évite, en outre, les inconvénients d'excentricité.

L'appareil est d'un transport éminemment commode dans les mines. Par la disposition de ses articulations, on peut le glisser dans une pochette ou étui en cuir, que le mineur porte à la ceinture, fig. 2, pl. III.

M. Osterland, de Freyberg, a perfectionné la boussole allemande, fig. 5, pl. III. Dans sa disposition, plus simple, les bras de support, réunis par des charnières avec l'anneau de suspension, restent toujours perpendiculaires au plan de cet anneau; elle réalise une amélioration sérieuse. La figure 4, pl. III, renseigne le déclimètre, servant à prendre les pentes et les figures 3 et 6, pl. III, représentent la boussole installée sur le rapporteur. Malgré les avantages de la boussole allemande, une cause d'erreur inhérente à la nature de l'instrument doit être rectifiée. C'est celle relative aux influences perturbatrices, résultant du voisinage du fer ou autres substances magnétiques.

On pourrait s'assurer, au préalable, si, dans une galerie, où l'on doit opérer à la boussole, il n'existe aucun danger à cet égard, en prenant, suivant une direction tracée dans la voie, le degré de la boussole en différents points de cette distance et s'assurant s'il est partout le même.

M. Brathuhn, géomètre-inspecteur de l'Administration des mines à Halle, a introduit le mode de rectification généralement adopté, et qui consiste, après avoir procédé, pour chaque station, par coups d'avant et d'arrière, à modifier successivement par les différences constatées à la visée antérieure l'observation ultérieure.

En Allemagne, on possède également des types de boussole fixe, mais presque toujours à lunette centrale.

Tel est l'appareil construit par Ertel, à Munich, et formé d'un support rectangulaire en cuivre, sur trépied, muni au centre d'une aiguille aimantée. Ce support se termine à chaque extrémité par un ajustage à angle droit, formant pinules, et permettant la visée par les fils du réticule. Elles sont plus ou moins fendues, à volonté, selon que l'air de la mine est clair, ou obscurci par les fumées de la poudre. Cet instrument porte le nom de *Brathuhn's visir instrument*. Employé conjointement avec la méthode de rectification précédente, il permet d'obtenir dans les mines des résultats très-satisfaisants. Il a l'avantage qu'on peut viser d'une même station en avant et en arrière sans tourner le support.

M. Hörold, géomètre-inspecteur de l'Administration des mines, à Breslau, recommande encore, indépendamment de l'instrument précité, la boussole avec lunette inférieure de König à Breslau. Elle est installée sur trois vis calantes. L'axe central supporte la lunette, munie d'un niveau rond à bulle d'air, et, au-dessus, à hauteur suffisante pour que l'on puisse s'assurer de l'horizontalité de l'appareil, s'installe la boussole. Un cercle vertical permet de mesurer les inclinaisons. La lunette est agencée pour satisfaire à de courtes ou de longues visées. C'est un excellent instrument, que l'on devrait substituer aux bousoles à lunette excentrique, partout où les usages ont enraciné l'emploi de la boussole fixe. C'est la boussole de König que M. Hörold considère comme le meilleur instrument pour les levers souterrains.

La figure 8, pl. III, représente un type de l'espèce construit par M. Lyngke et Cie, à Freyberg, et la figure 11, même planche, un instrument analogue construit par M. Breithaupt, à Cassel. Enfin, la figure 10 reproduit un appareil similaire du même constructeur, mais avec boussole excentrique, disposition de beaucoup moins avantageuse au point de vue de l'exactitude des opérations. Je renseignerai encore la disposition de M. Osterland représentée fig. 9, pl. III, avec lunette centrale supérieure et la boussole d'excursion du même constructeur, fig. 7, pl. III, avec lunette pouvant permettre en même temps de niveler, le tout monté sur trépied à fourreau pour en faciliter le transport.

Observatoires. — L'emploi de la boussole dans les levers de plans réclamerait toujours, au siége des opérations, l'installation d'un petit observatoire, dans lequel serait tracée la méridienne et où pourraient se faire régulièrement les constatations relatives à la déclinaison de l'aiguille aimantée, et aux changements que subit cette déclinaison.

L'un des mieux établis dans les différents siéges des administrations minières que j'ai visités est l'observatoire de Clausthal. Il a été installé dans le jardin attenant aux bureaux de cette Administration et par les soins de M. Borchers.

C'est une maisonnette, dans la construction de laquelle toutes les pièces, forcément métalliques, sont en cuivre. Au fond de la salle, qu'elle comporte, est une colonne en pierre, solidement assise, et servant de support, à hauteur d'observation, à une lunette, dont l'axe du pivot vertical coïncide exactement avec le centre de la colonne Vers la partie inférieure de celle-ci, et sur la face opposée au fond de la salle, est un cercle gradué horizontal, dont les divisions sont renversées, de manière à pouvoir être lues par la réflexion d'un miroir, placé sur la face antérieure d'une aiguille aimantée appendue sous une cloche vis-à-vis de la colonne, et sur laquelle se dirige la lunette de l'observateur. Dans un coin de la salle est un chronomètre à secondes.

Deux fentes sont pratiquées dans les murs d'avant et d'arrière de la salle, et suivant un plan méridien, passant par l'axe de suspension de l'aiguille et le centre de la colonne. Enfin, la trace de la méridienne est indiquée sur le plancher. Avant de faire une observation, on s'assure que l'aiguille est à son état normal. A cet effet, on en approche, à une certaine distance, un aimant, et l'on observe si les oscillations sont régulières de part et d'autre. Puis, pour neutraliser toute influence, on place cet aimant verticalement, contre le mur, derrière la colonne supportant la lunette.

M. Borchers fait chaque jour deux observations, l'une à 8 heures du matin, l'autre à 1 heure.

Les directeurs des mines allemandes, suffisamment rapprochées d'un siége administratif, vont y prendre directement la déclinaison. Dans le cas contraire, ils ont l'obligation de tracer une méridienne au siége de leurs exploitations et d'y faire les observations nécessaires à la connaisance de la déclinaison.

A l'Administration des mines (Bergamt), de Freyberg, M. Neupert, géomètre-inspecteur (Oberbergmarkscheider), indépendamment d'un observatoire, établi dans une cour, se sert pour les observations usuelles, d'un observatoire provisoire : sur l'appui d'une fenêtre est tracée la méridienne, passant par les axes de deux vis en cuivre, fixées sur cet appui. Pour prendre la déclinaison, il installe une aiguille aimantée, montée dans une boîte circulaire, qui s'encastre dans un support rectangulaire en cuivre; il place l'un des longs côtés de ce dernier exactement suivant la ligne méridienne, et mesure l'angle compris entre la direction de l'aiguille et cette ligne.

CHAPITRE II.

CONFECTION DES PLANS MINIERS.

SOMMAIRE. — Importance d'uniformiser les dispositions réglementaires relatives à la confection des plans miniers. — Plans cadastraux. — Réfection du cadastre du Hanovre. — Triangulations des états-majors. — Plans de concessions. — Dispositions législatives relatives à la tenue des plans allemands — Echelles et dimensions des plans. — Pantographe. — Rapporteurs. — Vérification des quadrillages. — Echelles de report.

On doit reconnaître que généralement aujourd'hui, la confection des plans représentatifs des travaux miniers est loin d'être effectuée d'après des bases uniformes dans les divers centres producteurs d'un pays. A plus forte raison, en est-il de même entre des pays étrangers par la nationalité. Au point de vue des rapports géologiques, existant entre des formations minérales identiques réparties sur le globe, mais qui ne sont pas encore établis, il conviendrait d'unifier dès à présent les bases devant servir un jour à ces études d'ensemble, et ce, au moyen d'ententes générales, ou même de conventions internationales. Ainsi, pourrait-on espérer de coordonner aisément les recherches minérales disséminées, et de les faire servir le plus promptement au développement de la richesse souterraine et des connaissances géologiques.

L'Allemagne, qui cependant est la terre classique de l'uniformité disciplinaire, présente à cet égard des divergences notables dans ses différents Etats.

Ce défaut d'unité, résultant en fait de la diversité des lois et règlements miniers promulgués autrefois, et à des époques variées, diversité due elle-même à l'agglomération d'Etats divergents par leur constitution, s'est amoindri notablement par la promulgation dans le royaume de Prusse de la loi sur les mines du 24 juin 1865. Cette loi comprend 250 articles s'appliquant à toute la monarchie prussienne. La constitution de l'empire allemand réclamera indubitablement une extension plus grande encore des mêmes principes. L'unité politique entraînera forcément l'unité administrative, qui permettra de codifier en un seul contexte les règlements multiples stipulant les droits et les devoirs des concessionnaires, des propriétaires du sol, des fonctionnaires et de l'Etat en matière de mines. De même l'introduction de l'uniformité monétaire pour tout l'empire germanique, la substitution du système métrique des poids et mesures aux anciens systèmes constituent des réformes secondaires peut-être, mais non moins des plus importantes pour l'Administration générale du pays.

Aujourd'hui que l'Allemagne est à cet égard dans une période de transition, on peut juger des difficultés inhérentes à l'ancien état de choses et prévoir les améliorations qui découleront spontanément d'une réglementation unitaire. Ainsi peut-on constater encore, selon que l'on passe d'une circonscription minière allemande à sa voisine, quelles divergences existent dans la tenue générale des plans et dans les règlements spéciaux y relatifs.

Dans les différents centres miniers, les plans cadastraux fournissent une base à la confection des plans de concession, et en général des plans de surface. Malheureusement, cette base n'est pas toujours irréprochable. On constate, pour ainsi dire partout, en notre pays comme en Allemagne, que les assemblages cadastraux laissent à désirer, non-seulement au point de vue des levers parcellaires, mais encore au point de vue de l'orientation, ce qui empêche l'exactitude des assemblages.

Les procédés suivis par les administrations cadastrales sont donc intéressants à examiner, et je prendrai, à ce sujet comme type, le cadastre du Hanovre, cadastre actuellement en cours de réfection.

L'ancien royaume de Hanovre ne possédait pas de cadastre, régulièrement et convenablement établi. Depuis son incorporation dans l'empire germanique, l'Administration supérieure a pris soin, tout d'abord, d'en réorganiser le service. Le royaume de Hanovre, présentait, en effet, autrefois, un morcellement des plus irréguliers de la propriété territoriale. En 1822, on avait cherché à régulariser cette situation, en commençant par un groupement, plus conforme à tous les intérêts, des propriétés communales Vingt ans plus tard, ces efforts s'accusaient davantage par la réunion, en une ou plusieurs enclaves, des parcelles disséminées, appartenant à plusieurs propriétaires, et ce, grâce à des échanges réciproques, volontairement consentis. Une loi fut promulguée, à cet effet, en 1842. Les préfets avaient été chargés de ce soin, et, à cet égard, on peut apprécier la tendance, assez commune en Allemagne, de l'intervention des pouvoirs dans la gestion d'affaires privées. Dans le cas actuel, cette intervention ne produisit, il faut le reconnaître, que de bons résultats

Depuis 1867, une commission spéciale a été chargée de ce travail de groupement. Elle fonctionne encore, et, chaque fois qu'elle obtient, d'une partie des propriétaires, le quart environ, le consentement d'échanges réciproques, elle opère la répartition nouvelle des parcelles par substitutions simultanées entre ceux auxquels ces échanges conviennent davantage.

L'Administration actuelle a pris possession de la situation cadastrale des propriétés dans l'ancien royaume de Hanovre en cet état de choses. Comme base du travail géodésique, elle possède la triangulation de Gauss, partant du méridien de Gœttingue. Les polygones de

Gauss sont des projections sphériques : il faut donc les transformer, d'abord, en projections orthogonales, ce que l'on exécute au moyen d'une formule. Deux autres corrections doivent être apportées aux coordonnées de Gauss. La première résulte de ce que la base d'opération, qu'il avait prise dans le Schleswig, et appelée la ligne de Braacke, a été trouvée erronée à la suite des vérifications, opérées par calculs astronomiques. Les tables, dressées dans la rectification du travail originaire du célèbre professeur de Gœttingue, portent, à cet effet, une colonne y afférente.

La seconde rectification résulte d'une légère erreur dans la désignation des longueurs, par suite de la transformation en mètres des pieds rhénans, mesure adoptée d'abord par l'auteur. Une colonne du livre des coordonnées renferme également les corrections de ce chef. (Voir la brochure : Allgemeines Koordinaten-Verzeichniss als Ergebnis der Hannoverschen Landes-vermessung aus den Jahren 1821 bis 1844.)

Pour compléter ce travail, au point de vue cadastral, c'est-à-dire pour faire le plan cadastral complet, l'Administration centrale de l'empire allemand a partagé l'ancien royaume de Hanovre en 37 circonscriptions. Au siége de chacune d'elles, on trace une méridienne, et l'on transforme les coordonnées de Gauss, partant de Gœttingue comme origine, en coordonnées partant du siége de chacune de ces circonscriptions. A ces points nouveaux, faisant partie d'un polygone de deuxième ordre, on rattache des polygones de troisième ordre, et, pour ces derniers, on ne fait pas la correction, résultant de la différence entre les projections sphériques et orthogonales.

C'est sur le réseau de troisième ordre que la nouvelle Administration cadastrale de Hanovre a commencé ses opérations.

Le travail est organisé de la manière suivante : un inspecteur cadastral est chargé de la préparation et de la direction générale.

La préparation consiste dans la transformation des coordonnées, par suite des changements de méridiens. Au siége de chacune des 37 circonscriptions préindiquées, est un préfet (Personale Vorstehr); il a entre 12 et 20 géomètres sous ses ordres ; il a la charge des observations triangulaires ; les géomètres ont la tâche de faire les opérations et les chaînages polygométriques. Une grande partie de ce personnel constitue des employés à titre provisoire jusqu'à la fin du travail. Les points de quatrième ordre, que ces géomètres fournissent sont, en partie, destinés à donner la position des limites des communes, avec le concours du théodolithe et de la chaîne.

Les polygones dits de premier ordre vont jusqu'à 20,000 mètres.

Les polygones dits de deuxième ordre vont jusqu'à 10,000 mètres.

Les polygones dits de troisième ordre vont jusqu'à 3,000 mètres.

Les bureaux du cadastre de Hanovre possèdent 30 dessinateurs et une quarantaine de fonctionnaires chargés de faire les calculs, relatifs à l'aire de chaque parcelle ; ils font un usage assez général du planimètre pour ces dernières opérations.

Dans le Schleswig-Holstein, l'état-major allemand a commencé, en 1867, le relevé des polygones de premier, deuxième et troisième ordres, et même en partie de quatrième ordre; les géomètres du cadastre ont complété ce travail. Pour le Schleswig-Holstein, l'Administration cadastrale a son siége à Schleswig.

En ce qui concerne la Hesse, on a aussi une triangulation de Gauss, partant de Gœttingue, et dont les

coordonnées sont transformées en celles de Ferrö.
L'état-major de la Hesse a complété ce travail, et a
dressé une magnifique carte, avec projections cotées,
à l'échelle de 1 à 25,000. Elle est très-exacte. Le siége
de l'Administration cadastrale de la Hesse est à Cassel. Quant au Nassau, les opérations géodésiques ont
été faites par l'état-major prussien. L'Administration
cadastrale pour cette partie du pays réside à Wies-
baden.

L'ancien cadastre du Hanovre était dressé à l'échelle
de 1 à 2133,333..... Le cadastre actuel s'établit à
celle de 1 à 2,000. Sur ce plan, l'Administration des
mines reporte l'assemblage des concessions minières,
après avoir tracé le quadrillage des parallèles et méridiens de minute en minute, relativement, au méridien
de Paris, et de 1,000 en 1,000 mètres d'après l'origine
de Gœttingue. Ce plan est réduit à l'échelle de 1 à
12,500 pour la facilité du service.

Dans les différentes circonscriptions de l'Administration des mines allemandes, où existent des plans cadastraux réguliers, on recourt également à ces derniers
comme base pour l'exécution des plans de concession.
Mais, comme généralement les documents du cadastre
ne sont pas sans erreur, et surtout en ce qui concerne
l'orientation, on cherche des moyens de contrôle et de
rectification.

A cet effet, on se sert en même temps des travaux
géodésiques, effectués postérieurement à la confection
du cadastre, et ordinairement par l'état-major. Possédant les coordonnées exactes de points assez nombreux
d'une contrée, les clochers par exemple, on procède
d'abord à l'établissement de ces points sur la feuille
d'assemblage. Puis, au moyen des feuilles parcellaires
cadastrales, décalquées par commune, et sur lesquelles
figurent les points précités, on cherche à faire concor-

der respectivement les lignes de raccord entre ces différents points, sauf à modifier légèrement les parties des limites de communes qui ne s'appliqueraient pas exactement l'une sur l'autre. Dans ce travail de tâtonnement, on considère comme rigoureuse la position des points dont les coordonnées ont été fournies par l'état-major. Lorsque, par cette méthode, on est parvenu à une concordance approximative suffisante, on reporte sur l'assemblage les limites des différentes concessions.

Ainsi procède-t-on actuellement dans la circonscription de Dortmund, dont l'origine géodésique est le dôme de Cologne.

L'Administration des mines de Halle utilise également, pour la confection des plans de concession, les documents de l'état-major. Au moyen des coordonnées fournies par ce dernier, elle fait compléter le plan par polygones de quatrième et cinquième ordres.

De même, pour la circonscription minière de Waldenbourg, on utilise la carte de l'état-major à l'échelle de 1 à 50,000. Les géomètres des mines font les opérations géodésiques nécessaires pour l'assemblage des concessions et le report de la position des puits.

Quant à la Haute Silésie, les travaux géodésiques préalables sont presque complets. Un premier travail, avec une base de $17,204^m,75$, pour les polygones de premier ordre, entre Falkenberg et Karlsberg, avait été effectué par M. Sadebecke, professeur a Berlin, et M. le général Bayer. A l'ouest de Waldenbourg, le réseau géodésique a été dressé par l'état-major pour la conscription de Glatz. M. Hörold, géomètre-inspecteur à Breslau, a récemment complété le réseau Silésien, en faisant la triangulation de la portion comprise entre les deux précédentes. A ces réseaux principaux, les géomètres rattachent les points secondaires, nécessaires pour fixer la position des mines et usines.

Les plans de surface, obtenus par les méthodes précédentes, servent également de base à l'établissement des plans d'exploitation.

La loi générale précitée du 24 juin 1865 consacre les articles suivants à la confection de ces derniers.

« ART. 72. — Le concessionnaire doit faire dresser,
« à ses frais. et tenir régulièrement au courant, par un
« géomètre juré (Marckscheider), un plan des travaux
« en deux exemplaires.

« Les délais entre lesquels la mise au courant doit
« avoir lieu sont fixés par l'Administration supé-
« rieure des mines.

« Un exemplaire des plans est délivré à l'Adminis-
« tration des mines pour son usage : l'autre est con-
« servé à la mine même, ou, à défaut d'endroit conve-
« nable, chez le directeur de l'exploitation.

« ART. 73. — La Direction, la surveillance et la res-
« ponsabilité de l'exploitation ne peuvent être confiées
« qu'à des personnes dont la capacité est constatée.

« ART. 74. — Le concessionnaire doit faire con-
« naître nominativement, à l'Administration des mines,
« les personnes préposées à la direction et à la sur-
« veillance de l'exploitation, les maîtres-ouvriers, etc.

« Avant d'entrer en fonctions, ces personnes sont
« tenues de prouver leur capacité, et de subir, à cet
« effet, un examen devant l'Administration des mines,
« si elle l'exige.

« ART. 75. — Lorsque l'exploitation est gérée ou
« surveillée par une personne dont la capacité n'a pas
« été dûment constatée (art 74), ou qui aurait perdu
« cette capacité, l'Administration des mines peut exiger
« son éloignement immédiat, et, au besoin, interdire
« l'exploitation, tant que celle-ci n'est pas confiée à une
« personne reconnue capable.

« ART. 76. — Les personnes, chargées de la ges-
« tion et de la surveillance de l'exploitation, sont
« responsables de l'observation des plans d'exploita-
« tion, et de toutes les dispositions contenues dans la
« loi, ou rendues en vertu de cette loi. »

Généralement, les concessionnaires ont l'obligation
de fournir les plans suivants :

1° Un plan général (situation 's riss), renseignant les
galeries principales des différentes couches (grund-
strecke, et les constructions superficielles.

2° Un plan spécial (spécial riss) pour chaque
couche, plan accompagné d'une projection verticale et
d'un profil, renseignant la nature des terrains traver-
sés par les galeries à travers bancs.

Toutefois, les projections verticales sont ordinairement très-incomplètes, et même, il arrive qu'elles
n'existent pas. Les plans ne sont point cotés. Le géomètre est chargé de faire le relevé des terrains en bac-
nures ou recoupés par puits. Le surveillant (steiger) a
la mission de prendre la composition des couches lorsqu'il mesure les avancements. Chaque mine a son
registre d'avancement.

Tandis qu'en Belgique l'échelle des plans est unifor-
mément réglementée au millième, échelle existant pour
tout le royaume de Saxe, et qui sera, à la vérité, bientôt adoptée pour toutes les mines allemandes, elle y
a été jusqu'à présent très-variable dans les différentes
circonscriptions minières. Ainsi, elle est de 1 à 800
pour la circonscription de Dortmund, de 1 à 1600 pour
la Silésie, de 1 à 3,200 pour le Hartz. Les plans de
concession sont généralement à l'échelle de 1 à 8,000 ;
ceux des demandes en concession à celle de 1 à 3,200
pour la cirsconscription de Dortmund, de 1 à 4,000
pour la Silésie.

Les dimensions des feuilles des plans et la tenue

des archives sont également variables dans les différentes circonscriptions minières allemandes. Dans celle
de Dortmund, les feuilles d'exploitation, très-petites,
sont en papier doublé de toile, et renfermées dans des
étuis en cuir ou en toile.

Les plans d'exploitation de la basse Silésie con-
tiennent sur la même feuille une projection verticale.
Leurs dimensions y sont variables : ces feuilles, en
papier toile, sont conservées dans des cartons. Des
coupes (profils) de la composition des terrains les
accompagnent.

Les géomètres (markscheider) de la basse Silésie
font, pour chaque couche, trois exemplaires de plans :
l'un reste en leur possession : c'est le plan original
sans couleur ; les deux autres, décalqués du précédent,
sont déposés le premier à l'établissement, le second
au siége de l'Administration des mines. L'état incomplet des projections verticales s'explique, en partie,
lorsque les couches ne présentent qu'une allure uni-
forme et régulière. Un plan général représente l'ensemble des niveaux, exécutés dans les différentes
couches.

Les plans du Hartz, dressés à l'échelle de 1 à 3,200,
mesurent $0^m,95$ sur $0^m,63$; ils sont accompagnés d'une
projection verticale, et de coupes de terrains (profils).

Aux bureaux de l'Administration des mines de Halle,
les plans ont des dimensions très-grandes et par suite
sont d'un maniement très-difficile. Ils sont conservés
enroulés. Ce sont des projections horizontales avec un
nombre de cotes insuffisant. Quelques coupes générales
des salines de Stassfurt, d'Erfurt, des dépôts de lignite
et des mines de houille de cette circonscription ont été
dressées. Elles ont figuré à l'exposition de Paris de
1867.

Dans le royaume de Saxe, où le droit régalien est

encore en vigueur,.et qui possède des mines de houille et des mines métalliques, en partie privées, en partie du domaine de l'État, les géomètres officiels (Markscheider) exécutent les plans des mines du gouvernement. Quant aux mines privées, elles possèdent leurs géomètres.

Les fonctionnaires de l'Administration n'interviennent à l'égard de celles-ci que pour tracer les limites des concessions, vérifier les travaux parvenus aux espontes, et assurer l'exécution des règlements de police et de sûreté. Les géomètres et les ingénieurs techniques sont les intermédiaires entre l'Administration juridique des mines et le Ministre des Travaux publics et du commerce.

Les plans des mines privées de la Saxe doivent être dressés en double expédition : l'une pour le bureau du géomètre officiel, l'autre pour la Direction de la mine. Ces plans, de très-grandes dimensions, parfois collés sur toile, sont conservés enroulés. Sur la feuille de projection horizontale se trouve également la projection verticale. Les archives de cette Administration, dont le siége est à Freyberg, renferment sur des étagères à claire voie un nombre considérable de plans ainsi roulés, juxtaposés, et dont l'ensemble s'élève jusqu'au plafond. Un employé spécial en a la garde.

Pour la réduction des plans, les différentes administrations publiques font en Allemagne un usage presque général du pantographe.

Trois conditions essentielles sont nécessaires pour procéder d'une manière rigoureusement exacte avec cet instrument :

1° Il faut opérer sur une table fort épaisse, parfaitement plane et solidement établie.

2° Les articulations de l'appareil doivent assurer la parfaite verticalité des organes d'appui.

3° Le point fixe doit être d'une stabilité parfaite, et les organes longitudinaux doivent avoir une rigidité suffisante, sans présenter le moindre ballottement.

On vérifie périodiquement l'horizontalité de la table au moyen d'un niveau à bulle d'air ; lorsque cette condition laisse à désirer, ou que l'usage fréquent de l'instrument a occasionné un grand nombre de trous, on la fait raboter ; c'est pour ce motif qu'on lui donne la forte épaisseur de $0^m,06$: les autres dimensions sont ordinairement de 2 mètres sur $2^m,30$.

On vérifie à l'équerre la verticalité des organes d'appui.

La réduction s'opère au crayon, pour des opérations ordinaires. Si l'on désire obtenir un degré de très-grande précision, on recourt à la pointe, ce qui réclame, toutefois, plus de temps et de soin.

Les géomètres allemands, dans le report sur le plan, d'un lever à la boussole, se servent assez souvent, non d'un cercle rapporteur, mais de la boussole même qui a servi à l'opération. A cet effet, on enlève la boussole de son siége, et on l'installe dans un cadre rectangulaire, en cuivre, dont deux côtés opposés, parfaitement parallèles, correspondent rigoureusement à la ligne N.-S. du limbe. On reporte ainsi, sur le plan, les degrés observés de station en station, fig. 3, 6, pl. III.

Cette méthode est plus exacte que celle au moyen d'un rapporteur ordinaire. En voici le motif : une boussole est bien rarement irréprochable, entr'autres au point de vue de la coïncidence exacte du point de suspension et du centre de figure ; de même les extrémités de l'aiguille ne se trouvent pas toujours rigoureusement suivant une même ligne passant par son axe central. Or, si l'on reporte le lever en se servant de l'instrument qui a servi à l'opération, les mêmes erreurs, existant de part et d'autre, le tracé ne subit pas l'influence de ces inexactitudes. Toutefois, il est indispensable, pour utiliser cette méthode, de procéder dans un bureau non exposé aux trépidations du charroi ou des machines, ni aux influences magnétiques.

Les géomètres, avant de commencer un plan d'exploitation, vérifient le quadrillage préalablement dressé, au moyen d'une règle en fer portant, perpendiculairement à l'un de ses bouts, une pointe d'acier ; sur cette règle glisse, à frottement, une seconde pointe semblable, que l'on fixe par une vis de pression à la distance voulue de la première, selon l'échelle adoptée.

De même que les dessinateurs, les géomètres allemands ne se servent généralement pas, comme échelle de report, de doubles décimètres en bois, en ivoire ou en cuivre, mais le plus souvent d'une graduation, tracée sur un morceau de papier fort, collé sur une languette de bois très-sec. Lorsque l'usage les a altérés, ces morceaux de papier sont enlevés, et remplacés par d'autres. Parfois on emploie, de préférence, des morceaux de papier semblables, collés sur des plaques en verre de double épaisseur.

L'usage traditionnel de ces échelles est consacré par le degré de précision qu'on leur a reconnu.

CHAPITRE III.

CARTES MINIÈRES ALLEMANDES.

SOMMAIRE : État des cartes minières en Allemagne. — Nouvelle carte géologique de l'Allemagne.

Jusqu'à présent il n'existe en Allemagne aucun travail d'ensemble, relatif à la description stratigraphique détaillée des dépôts miniers, compris dans les différentes circonscriptions administratives.

Une carte d'assemblage des travaux houillers de la Westphalie a été exécutée par l'Administration des mines de Dortmund, et les frais d'impression en ont été couverts par une caisse spéciale des exploitants. Sur cette carte (Flötzekarte der Niedereinischen Westphalen Steinflötzkohlen), est figuré le tracé, en projection horizontale, de l'allure de trois couches, exploitées et reconnues synonymes, sur tout le développement des exploitations. Le tracé de la couche supérieure est teinté en vert, celui de la moyenne en rouge, et celui de l'inférieure en bleu. Antérieurement, une carte semblable, avec des raccordements hypothétiques, avait été publiée ; elle a été abandonnée eu égard à la circonstance que les travaux ultérieurs n'avaient pas confirmé les prévisions des raccordements. La nouvelle carte, malgré son état incomplet, rend cependant des services.

L'Administration des mines de Bonn a, de son côté, exécuté une carte des exploitations de Saarbruck au niveau de la Saar, et uniquement représentative des travaux, c'est-à-dire fournissant la configuration des niveaux dans les différentes couches exploitées, sans raccordements hypothétiques.

Les exploitations de toutes les mines de fer du pays de Siegen, ressortissant à l'Administration de Bonn, sont également représentées par le tracé des voies principales à un niveau à peu près le même. La carte ainsi obtenue, et comprenant six feuilles, embrasse toutes les mines métalliques de la circonscription de Bonn. On peut se procurer cette carte en s'adressant à M. Fabricius, Oberbergrath, à Bonn. Elles ne se trouvent pas dans le commerce.

L'Administration des mines de Breslau a également dressé une carte de la configuration générale des couches de houille pour la circonscription de Waldenbourg et, dont le nombre connu est de 31 environ. Cette carte a figuré à l'exposition universelle de Vienne pour être déposée ensuite à l'école des mineurs de Waldenbourg. Malheureusement, elle comporte plusieurs niveaux ; en d'autres termes, elle fournit seulement l'assemblage des travaux houillers, exécutés à différentes profondeurs, et dans différentes couches. On a cru devoir renoncer à l'exécution d'une carte plus ou moins hypothétique, tracée suivant un seul horizon, eu égard aux difficultés géologiques que présentent les gisements houillers de la Silésie. Les failles qui sillonnent ce dépôt, en partant des porphyres, des mélaphyres et de la grauwacke sont, en effet, tellement nombreuses, d'une direction tellement accidentée, que les ingénieurs ont préféré rester dans le domaine des certitudes absolues. D'autre part, les couches changent tellement de composition et de puissance, elles se perdent si souvent, que les difficultés ont paru insurmontables pour arriver à un résutat approximativement exact, dès que l'on aborde le champ des raccordements hypothétiques. Les mêmes obstacles se présentent entre les gisements limitrophes de la Silésie et de la Pologne. On sait, à peu près d'une manière pertinente, que des synonymies existent entre ces deux dépôts séparés par un mouvement de terrain. Seulement, la composition des couches, qui devraient se poursuivre en concordance, est tellement différente que l'on n'a pas osé se hasarder à les raccorder. Ainsi, une couche de Dombrowa, de 12 mètres d'épaisseur, doit être la synonymie de 3 couches, parfaitement distinctes de Königshütte, et ayant respectivement 5 mètres, 2 mètres et 5 mètres.

En Westphalie, ces difficultés ne sont guère aussi grandes ; les couches y sont plus régulières, les failles moins sinueuses et moins multiples, et, sans connaître encore cette formation d'une manière complète, on a pu du moins signaler avec certitude, sur l'épaisseur du terrain houillier, les trois horizons précités. En Silésie, au contraire, les fonctionnaires de l'Administration des mines n'ont pas encore trouvé pour la formation Silésienne des caractères sérieux de parallélisme entre les différentes zones du dépôt.

M. Hörold s'est spécialement occupé de l'assemblage des couches silésiennes à différents niveaux, assemblage fourni par les documents de l'exploitation. Des coupes nombreuses coloriées, émanant de lui, et reproduites par la chromolithographie, sont insérées dans le travail de M. Roémer, professeur de géologie à l'Université de Breslau, et intitulé : Geologie von Oberschlesien, 1870, Breslau, Druck von Robert Nischkowsky.

M. Roemer considère également comme insoluble actuellement la question du raccordement général des couches de la Silésie. Les collections importantes, minéralogiques et paléontologiques qu'il a accumulées, ne lui permettent pas encore de trouver la solution du problème. Toutefois, il divise cette formation en trois étages, savoir :

L'étage supérieur (Flötzreichen Kohlengruben)   } à la base de l'étage supérieur se
  «   moyen (Flötzarmenkohlengruben) . . } rencontrent les
  «   inférieur (Kulm) . . . . } fossiles décrits par M. Roemer.

On ne pourrait se faire une meilleure idée de l'ensemble des études géologiques, exécutées en Allemagne au point de vue minier, qu'en parcourant le musée des mines de Berlin, lequel, indépendamment de collections minéralogiques, renferme les cartes dont j'ai relevé la nomenclature. (Voir l'appendice III.)

Cette nomenclature, malgré la richesse qu'elle ac-

cuse, révèle l'absence presque complète d'études minérales spéciales, entreprises d'après un plan d'ensemble
et l'unité de vues. La plupart de ces cartes ont, quant
à leur portée industrielle, le grave défaut d'être trop
générales. Je citerai toutefois, comme œuvre plus
détaillée « l'Exposé géognostique de la formation houillère en Saxe, avec coupes coloriées de terrains, de puits
et composition graphique des couches, par M. Bruno
Geinitz, professeur à l'école polytechnique de Dresde ».

En résumé, quoique dans les différentes circonscriptions de l'Administration des mines allemandes, on se
soit occupé des études relatives à la connaissance des
dépôts miniers, il n'existe aucun service organisé pour
arriver au but par des moyens uniformes et d'après
des bases similaires. Les seuls résultats industriels à
consigner résident dans l'exécution des tracés d'assemblage fournis par les exploitations de tel ou tel groupe.
Ces tracés sont accompagnés de coupes verticales
(profils) qui ne peuvent avoir d'utilité pour l'étude
d'ensemble qu'à la condition d'être effectués d'après un
programme systématique concerté au préalable. A cet
égard, les ingénieurs de l'Administration ont en général un certain scepticisme, quant à la possibilité d'arriver aux résultats exacts de synonymie en l'état actuel
des exploitations. Ils estiment que l'insuffisance de ces
dernières et la multiplicité des accidents qui sillonnent
leur formation houillère sont des obstacles insurmontables Je ne puis partager une semblable opinion, par
le motif que je n'y ai pas rencontré la mise en œuvre
des moyens spéciaux qui permettraient de vaincre ces
difficultés, c'est-à-dire, la confection de coupes verticales assez multiples fournissant l'ossature des formations et la description minéralogique intime des dépôts par des relevés assez nombreux des galeries et
puits d'extraction. J'ajouterai, toutefois, qu'à Claus-

thal, l'Administration des mines a commencé ces dernières études d'une manière spéciale. Elles doivent paraître, à l'état de monographies, dans le Zeitschrifft. De plus, le gouvernement a chargé, depuis une dizaine d'années, une commission de géologues (*) de dresser la carte géologique de l'Allemagne. Plusieurs feuilles ont déjà été publiées. L'échelle adoptée est celle de 1 à 25,000. Son titre est : Geologische Carte von Preussen und den Thuringischen Staaten heraus gegeben durch des Kön. Preuss. Ministerium für Handbung, Gewerbe und öffentlichen Arbeiten. Chaque feuille ne coûte que 2 fr. 50 mesurant $0^m,46$ sur $0^m,45$ d'impression. Actuellement 24 feuilles sont terminées. Une notice en brochure accompagne chacune d'elles.

CHAPITRE IV.

PROCÉDÉS D'IMPRESSION DES CARTES MINIÈRES.

SOMMAIRE. — Chromolithographic. — Procédés d'exécution à Dusseldorf. — Prix. — Héliographie : méthodes essayées : 1° à l'imprimerie de l'Etat à Berlin ; 2° à l'état-major de Berlin ; 3° à l'institut militaire géographique de Vienne. — Cartes militaires du dépôt de la guerre à Bruxelles ; — méthodes adoptées. — Possibilité de l'appliquer ut.lement à l'impression des cartes minières.

La question de la reproduction économique des cartes minières a une importance capitale. Aussi longtemps que les méthodes en voie d'usage n'auront pas atteint ce degré de perfection et de bon marché qui permettent d'en vulgariser les produits, le service de la cartographie minière ne pourra être assuré. En effet, beaucoup d'études ne peuvent voir le jour de la

(*) Elle comprend : MM. Beyrich, Weiss et docteur Lossen, professeurs à Berlin, les professeurs Roth, Seebach, de Gœttingue ; Schmid, d'Iéna ; les docteurs Moesta, à Marbourg ; Von Dechen, à Bonn ; Rüther, à Saalfeld (Thuringe); Liebe, à Géra (id.); Giebalhausen, à Halle ; Eick et Emrich, à Meiningen.

publicité, eu égard aux difficultés matérielles, au coût actuel des impressions, car, pour être complètes et suffisamment intelligibles, elles doivent pouvoir revêtir la multiplicité des couleurs.

Deux méthodes essentielles, auxquelles s'adjoignent une série de procédés spéciaux, ont cours aujourd'hui : la chromolithographie et l'héliographie.

Dusseldorf et Berlin sont respectivement, en Allemagne, deux centres importants d'opération par ces deux méthodes différentes.

Chromolithographie. — La chromolithographie, appliquée sur une très-grande échelle à Dusséldorf, au point de vue artistique, c'est-à-dire à la reproduction de tableaux, même importants de dimensions, se prête fort bien à la reproduction des cartes minières multicoloriées.

Le procédé consiste à reporter, sur pierres lithographiques, les contours coloriés de chaque partie du dessin portant une teinte spéciale. La superposition successive, sous presse, et sur une même feuille, de chacune de ces pierres, donne l'ensemble du dessin, avec les différentes teintes dont il se compose. C'est la méthode Aloys Sennefelder.

Les différentes opérations qu'elle comporte sont, grâce à une division du travail très-judicieuse, confiées à des catégories successives d'artisans, qui acquièrent dans leur spécialité une dextérité très-remarquable.

Bon nombre de ces emplois sont occupés par de très-jeunes ouvriers.

Voici comment j'ai vu opérer dans les ateliers de la maison Weiland : on procède d'abord à l'exécution sur papier des contours du tableau ou de la carte à reproduire. Ils sont reportés par décalque sur une pierre. On ombre ensuite cette dernière, d'après tous les détails du modèle et ce, avec une substance lithographique grasse, faisant l'office de mordant. Puis, on procède au lavage de la pierre. Il reste à dessiner successivement, sur autant de pierres ainsi préparées qu'il y a de couleurs différentes, chaque partie du tableau ou de la carte portant une même couleur. De la sorte, il faut un nombre de pierres égal à celui des couleurs primitives intervenant dans l'ensemble. On procède ensuite à l'impression par le tirage à la presse de chaque pierre sur une même feuille, ce qui fournit l'assemblage complet du dessin colorié La superposition rigoureusement exacte des différentes pierres s'obtient au moyen de points de repère, établis sur chacune d'elles, et sur les feuilles d'impression.

Lorsqu'on reproduit une œuvre artistique, il reste à gaufrer le papier, pour lui donner l'apparence de la toile.

Parmi les différents établissements de l'espèce à Dusseldorf, je citerai encore la maison W. Breindenbach, qui a obtenu une médaille à l'exposition de Vienne pour ses reproductions artistiques, et la maison Koch. Cette dernière, comme la maison Weiland, exécute, indépendamment des œuvres d'art, des travaux présentant des analogies, quant aux exigences à remplir, avec les cartes minières.

Par ce procédé, la maison Weiland exécuterait une carte houillère multicolore, par feuille de $0^m,60$ sur $0^m,70$, à raison de 1 fr. 50 pour un tirage de 1,000 exemplaires, qui coûteraient ainsi 1,500 fr.

Un autre procédé est encore en usage à Dusseldorf. C'est celui de la maison Brendamour, qui grave sur bois, et fait opérer l'impression des couleurs à Neuss chez M. Schwann. Mais ce système n'est pas applicable à l'impression des cartes minières, eu égard aux prix élevés que réclamerait l'exécution.

Ces prix seraient considérablement réduits, si l'on

se contentait d'une seule couleur noire ou brune dégradée, pour figurer la pente des différents éléments constitutifs représentés sur la carte.

Malheureusement, une carte minière réclame impérieusement la multiplicité des couleurs pour acquérir ce degré de clarté indispensable à une description graphique.

De ce qui précède, je crois pouvoir conclure que dans l'état actuel de la chromolithographie, la reproduction des cartes minières par ce procédé ne peut être économiquement applicable qu'à la condition de simplifier le plus possible les tracés des formations, et de réduire les échelles à la limite maximum compatible avec l'exigence d'une clarté suffisante.

Héliographie. — Si la chromolithographie est entrée aujourd'hui de plein pied dans la voie des applications les plus diverses et les mieux assurées, sauf la question de prix en ce qui concerne la reproduction de grandes cartes minières, l'héliographie est encore l'objet d'expériences et d'indécisions multiples.

L'imprimerie de l'État à Berlin en fournit la preuve. M. Busse, directeur de cet important établissement, qui, indépendamment des travaux ordinaires d'impression, fournit les cartes militaires, exécute les timbres-postes, le papier-monnaie, etc., a essayé quatre méthodes héliographiques différentes. Et cependant, aujourd'hui encore, la grande généralité des cartes militaires y est exécutée en noir, sauf quelques-unes qui ont été chromolithographiées, ce qui prouve que ces essais n'ont pas encore été couronnés de succès. Toutefois, les tentatives continuent, et c'est eu égard à cette période d'expérimentation que la visite de ces ateliers n'est accordée aux étrangers, ayant même un caractère officiel, qu'avec beaucoup de circonspection, et après l'accomplissement de formalités assez longues.

La première méthode est celle dite par la photolithographie, sans couleur. Elle est abandonnée.

La deuxième méthode est celle de l'héliographie, appliquée par le procédé à l'asphalte. A cet effet, on verse sur une plaque de cuivre de l'asphalte en solution. On l'expose à la lumière solaire sous le négatif à reproduire ; par l'influence de la lumière, l'asphalte devient insoluble, et, après un lavage à la thérébenthine, on enlève ce qui est encore soluble. Ainsi, le dessin reste sur la plaque : puis, on fait mordre par l'acide chlorhydrique dilué, et le dessin reste en relief sur le cuivre. On en retire ensuite une matrice par la galvanoplastie, et l'on obtient la feuille à imprimer. Ce procédé ne fournit pas des traits assez fins. On l'a, pour ce motif, abandonné quant à la reproduction des cartes ; on le conserve uniquement pour la confection du papier monnaie.

La troisième méthode est celle de l'héliographie, appliquée par le procédé à la gélatine. C'est celle actuellement en cours d'expérimentation, et que l'on tient secrète. La plaque employée n'est pas en cuivre, mais en verre.

De même que les deux précédentes, cette méthode ne fournit que des dessins en noir, sans couleurs. Pour obtenir des colorations diverses, on recourt à l'impression sur pierre, et dans ce cas, il faut, comme dans la chromolithographie, autant de pierres que de couleurs employées.

La quatrième méthode, dite anastatique, consiste à reproduire un dessin imprimé en plongeant l'original dans un acide très-faible. De la sorte, les parties imprimées étant grasses par la nature même de la matière colorante, ne sont pas attaquées par l'acide. Il ne reste qu'à reproduire directement sous presse et sur pierre la feuille ainsi traitée. C'est par ce procédé de transport

que l'imprimerie royale de Berlin a exécuté, avec des
cartes françaises, toutes les cartes militaires nécessaires à la campagne de 1870. Sans doute, les traits
n'ont jamais une finesse délicate, mais ce mode est
éminemment économique, et d'une précision suffisante
pour la reproduction de cartes routières. On pourrait
de la sorte reproduire des livres entiers.

A l'état-major de Berlin, M. le colonel Geerz, chef
de la direction topographique, s'occupe depuis 30 ans
de cette partie du service militaire, à laquelle on a
toujours attaché en Allemagne la plus grande importance L'expérience que ce haut fonctionnaire a acquise
en cette matière lui permet d'émettre une opinion avec
autorité.

Voici comment, sous sa direction, sont dressées les
cartes militaires.

Les travaux topographiques originaux, dressés par
MM. les officiers de l'état-major, à l'échelle de 1 à
25,000, sont réduits à celle de 1 à 100,000, soit au
moyen de la photographie, soit au moyen du pantographe. M. Geerz donne la préférence à ce dernier
mode qui, sous une main exercée, fournit des résultats très-précis. Son emploi présente l'avantage que
l'on peut modifier à volonté, dans la réduction, la
carte primitive, en supprimant, par exemple, certains
détails inutiles ou superflus ; on peut corriger, ajouter. La réduction photographique, quelle que soit la
précision des contours, accuse l'inconvénient de l'illisi-
bilité fréquente des lettres en petits caractères. La
réduction au pantographe permet, au contraire,
d'inscrire les noms locaux en caractères de dimension
suffisante pour être d'une lecture facile.

Lorsque la carte est réduite à la dimension voulue,
elle est livrée aux ateliers de gravure. L'état-major de
Berlin possède deux espèces d'ateliers y affectés. L'un

pour la gravure sur pierre, l'autre, pour la gravure sur cuivre. La gravure sur cuivre fournit des résultats incomparablement supérieurs comme finesse et pureté de traits. Au point de vue du matériel, l'emploi des pierres lithographiques présente, en outre, l'inconvénient de l'encombrement et d'un transport pénible pour les emmagasiner dans les caves, lorsqu'un tirage est provisoirement terminé. C'est donc à la gravure sur cuivre que M. Geerz donne la préférence à tous égards.

Les cartes sont tirées en noir. Les traits coloriés sont reportés à la main.

M. Geerz condamne les procédés photolithographiques et héliographiques, parcequ'ils réclament un personnel trop considérable, une dépense trop élevée de temps et d'argent. Comme procédé de reproduction des cartes minières coloriées, il ne considèrerait véritablement applicable que la méthode chromolithographique.

Néanmoins, l'institut militaire géographique de Vienne imprime ses cartes par le procédé héliographique Dans ce vaste établissement, on s'occupe actuellement de l'exécution d'une carte géographique de l'Autriche, utile non-seulement pour les opérations militaires, mais encore pour les besoins généraúx de la science, de l'industrie et du commerce. C'est à cet institut que se réunit périodiquement la commission internationale, chargée de la mesure d'un méridien.

L'institut comprend un corps d'officiers, qui opère sur le terrain pendant la bonne saison, et fait en hiver le calcul des coordonnées. L'établissement comporte plusieurs salles de dessinateurs, partie civils, partie militaires, un atelier pour la photographie, l'héliographie, et une imprimerie non mécanique.

On y reproduit les cartes dressées par opérations

géodésiques, complétées pour les polygones d'ordre inférieur avec l'intermédiaire de la planchette.

Quatre méthodes différentes de reproduction y sont essayées ou appliquées :

1° Par l'impression ordinaire;

2° Par la photographie sur charbon (Kohle-photographie);

3° Par la chromolithographie;

4° Par l'héliogravure (sur cuivre).

Cette dernière est la plus parfaite : elle se prête même aux œuvres artistiques.

Les cartes sont publiées à des échelles différentes pour les différents besoins auxquels elles sont destinées. Celle à l'échelle de 1/300,000, la plus petite, est la seule qui ne possède pas de courbes de niveau.

Le procédé en cours d'exécution est le suivant : la carte exécutée à la main, d'après le calcul des coordonnées et complétée à suffisance dans les détails, est reproduite par la photographie à une autre échelle. Les feuilles obtenues de la sorte, sont réparties entre plusieurs catégories de dessinateurs, ayant chacune sa spécialité. Les uns inscrivent les noms locaux, d'autres ombrent à la plume les reliefs du terrain, d'autres tracent les cours d'eau, etc. Ainsi préparées, ces feuilles passent à l'héliographie et à l'impression.

Le procédé héliographique est tenu secret.

Il faut bien reconnaître, qu'au point de vue économique, cette méthode laisse à désirer, le personnel qu'elle réclame étant des plus considérables.

Sans doute, les résultats d'exécution sont fort beaux, ainsi qu'on a pu s'en assurer à l'exposition de Vienne, mais le dernier mot est bien loin d'être dit quant aux résultats pratiques, le prix de revient devant être fort élevé. Au surplus, les expériences continuent.

Le département de la guerre à Bruxelles fait également exécuter une carte topographique du pays, laquelle est actuellement en cours d'exécution, et dont plusieurs spécimens ont figuré avec honneur à l'exposition de Vienne.

Elle est publiée à trois échelles différentes : la première, au 20,000ᵉ, est coloriée, la seconde, au 40,000ᵉ, est en noir, la troisième, enfin, au 160,000ᵉ, est une carte générale routière.

Pour imprimer la carte coloriée à l'échelle du 20,000ᵉ, on amplifie d'abord à l'échelle du 10,000ᵉ les minutes topographiques, dressées par MM. les officiers de l'état-major au 20,000ᵉ. Cette amplification a été reconnue, par expérience, nécessaire, parce que la reproduction directe serait défectueuse en beaucoup de points. L'épreuve photographique amplifiée étant obtenue, est décalquée sur du papier ordinaire. Puis, ce dessin est réduit par la photographie au 20,000ᵉ, à l'effet d'obtenir, sur verre, un cliché négatif, que l'on reproduit directement sur pierre par la photographie ; on imprime ensuite en couleurs en recourant aux procédés chromolithographiques ordinaires.

Sur la carte au 20,000ᵉ, les cultures, les bois, etc., sont représentés par des teintes spéciales. Des courbes de niveau y figurent en outre de mètre en mètre.

Le mode de reproduction de cette carte est donc la méthode chromophotolithographique, l'un des procédés en cours d'exécution à l'institut militaire géographique de Vienne. Il présente l'inconvénient de réclamer un personnel considérable, lequel, à vrai dire, est en grande partie militaire. M. le capitaine Hannot a la direction de l'atelier photographique. Il y a exécuté également, pour des cas spéciaux, des reproductions de cartes par l'héliogravure, sur cuivre. (Voir à ce sujet le traité de topographie et de reproduction des cartes par MM. Maes et Hannot, 1870, et la brochure intitulée :

gravure sur cuivre au moyen de la photographie et de la galvanoplastie, par le capitaine A. Hannot, 1872.)

Pour obtenir la carte au 40,000ᵉ, on procède comme suit : la minute topographique au 20,000ᵉ dessinée à la main par l'officier qui a procédé au lever, est réduite par la photographie au 40,000ᵉ. Elle est ensuite décalquée sur pierre, puis gravée. L'épreuve, ainsi obtenue, passe à trois corrections successives avant d'être tirée définitivement. C'est la carte militaire proprement dite, en noir, avec courbes de niveau de cinq en cinq mètres. La méthode est donc celle de l'état-major allemand, sauf que la réduction s'opère, non au pantographe, mais uniquement par la photographie et que la gravure s'opère sur pierre.

Pour éviter l'usure que subit par le tirage la gravure sur pierre, l'état-major belge est parvenu à opérer, par un procédé breveté, le transport de cette gravure sur forte tôle en zinc : les cartes, obtenues par l'impression de ces dernières, ont un moelleux que ne donne pas l'impression par la pierre.

La carte de la Belgique, exécutée au dépôt de la guerre, à l'échelle du 160,000ᵉ, avec courbes de niveau de vingt en vingt mètres, renferme la désignation des cultures et des bois au moyen de signes conventionnels.

Il convient de rechercher maintenant quelle serait, parmi les méthodes exposées ci-dessus, celle qui se prêterait le plus convenablement à la reproduction des cartes minières.

Le principe de la chromolithographie, c'est-à-dire la reproduction, par impression, des cartes multicolores, permet d'obtenir indubitablement la méthode la plus rapide, la plus économique, et au moyen de laquelle l'expérience acquise garantit une exactitude irréprochable.

Il reste à choisir, comme procédés pour dessiner les contours, soit l'impression après tracé sur pierre à la main, soit la reproduction directe sur pierre, au moyen de la photographie, c'est-à-dire avec un cliché négatif sur verre. Celui-là est exclusivement en usage à Dusseldorf ; celui-ci, appliqué partiellement à Berlin et à Vienne, est en cours régulier d'exécution au dépôt de la guerre à Bruxelles.

Il ne m'est pas donné de les apprécier, chiffres en mains, au point de vue économique. Mais, au point de vue de l'exactitude, ce dernier a, pour des cartes de précision, une supériorité que nul ne contestera.

D'autre part, l'insuffisance presque générale d'établissements privés, montés spécialement pour la reproduction de cartes semblables, mise en regard avec les installations très-larges du service de la cartographie militaire, fera reconnaître que, dans la situation présente, les ateliers du département de la guerre pourraient, en Belgique comme en Allemagne, être d'un grand secours pour la publication des grandes cartes minières exécutées par les administrations officielles.

Ainsi, la carte générale des mines de la Belgique pourrait, au fur et à mesure de son achèvement partiel, être reproduite dans les ateliers du département de la guerre et livrée à la publicité en des conditions relativement économiques. On pourrait, en effet, utiliser les pierres au 20,000ᵉ de la carte militaire, et sur ce plan de surface, reporter uniquement le tracé des couches.

Les renseignements que j'ai pris à ce sujet me permettent de croire qu'aucune difficulté matérielle ne mettrait obstacle à la possibilité d'un tel arrangement. Si les espérances que je formule se réalisent, on parviendra à combler, dans un avenir très-rapproché, les vœux de l'industrie, à laquelle la publication de cette carte rendrait un immense service.

CHAPITRE V.

MOYENS PROPRES A ASSURER LE SERVICE DE LA CARTOGRAPHIE MINIÈRE.

SOMMAIRE : Eco'es de mineurs en Allemagne (Vorschule et Bergschule). — Ecoles de mines (Bergacademie). — Organisation générale et programmes. — Répartition de ces écoles dans les divers centres miniers. — Organisation de l'administration des mines allemandes : fonctionnaires techniques et juridiques. — Géomètres privés et concessionnés. — Mode de recrutement des uns et des autres. — Appréciation de l'influence de la nouvelle loi minière sur le service des géomètres. — Éléments assurant la bonne exécution des plans : garanties de capacité des géomètres ; contrôle. — Instruments de précision dont ils disposent. — Fabriques de l'espèce le plus en renom en Allemagne. — Pénurie actuelle d'établissements privés pour l'impression des cartes minières ; intervention de l'Etat. — Musées généraux et spéciaux afférents au service de la cartographie minière.

Deux éléments essentiels sont indispensables pour assurer le service de la cartographie minière :

1° L'existence d'écoles de mines formant, non-seulement des ingénieurs, mais encore des géomètres capables affectés à ce service ;

2° Une organisation irréprochable et un recrutement assuré du personnel qu'il doit comporter.

A ces éléments vitaux, primordiaux, on doit chercher, sinon à adjoindre officiellement, tout au moins à assurer par voie d'encouragement :

a). La création de fabriques d'instruments géodésiques de précision.

b). La fondation d'établissements pour la reproduction des cartes minières.

c). L'organisation de musées renfermant les collections minéralogiques spéciales et géodésiques tenues au niveau graduel de la science.

L'empire allemand est admirablement doté à ces divers points de vue, et l'on peut prendre comme modèles les différentes institutions afférentes aux objets prémentionnés. Il convient donc de les étudier avec quelques détails.

1° *Écoles de mines*. — Les écoles de mines comprennent en Allemagne deux catégories bien distinctes : A). Les écoles de mineurs (Bergschule) formant les géomètres des mines. — B). Les écoles de mines (Berg-academie), dans lesquelles se recrutent les ingénieurs des mines, fonctionnaires de l'État.

A). *Écoles de mineurs* (Bergschule). — Les écoles de mineurs sont des écoles spécialement destinées au recrutement des directeurs d'établissements, des géomètres, etc. Indépendamment de ces écoles, existe un grand nombre d'écoles qui leur sont préparatoires (Vorschule), et formant d'excellents surveillants. Ces dernières comportent généralement deux années d'études. Les élèves qui les fréquentent travaillent dans les mines le matin, et vont, le soir, quatre fois par semaine à l'école. Dans la circonscription de Dortmund existent, indépendamment des écoles de mineurs, dix écoles préparatoires de l'espèce, savoir : celles de Dortmund, Bocchum, Gelsenkirchen, Oberhausen, Essen, Linden, Sproekhevel, Wittem, Aplerbseck et Werden. Chacune d'elles coûte annuellement d'entretien 1,125 francs soldés par une caisse spéciale, alimentée par les industriels seuls, les bâtiments étant fournis par l'État, auquel en est dévolue la surveillance. Les programmes de l'enseignement dans les écoles préparatoires comprennent généralement les matières suivantes, réparties sur au moins un an :

La langue allemande ;

L'arithmétique ;

La géométrie élémentaire ;

Le dessin des plans et des machines ;

Les éléments d'arpentage et de topographie ;

La calligraphie.

Les élèves de la deuxième classe deviennent, après examen, *Steiger* (surveillants ou porions). Les meilleurs passent à la première classe et ne sont pas, comme ceux de la deuxième classe, astreints aux travaux de la mine : ils peuvent alors obtenir, après examen, le diplôme d'*Obersteiger* ou de *Bertriebsführer* (contre-maîtres ou chefs porions) sous la direction de l'Administration des mines. Enfin, les meilleurs élèves de la première classe deviennent *Markscheider* (géomètres des mines', après avoir fréquenté une école de mineurs, et subi convenablement leur examen devant l'Administration des mines.

Les écoles de mineurs (Bergschule), sont généralement établies sur des bases similaires, comprenant deux ou trois années d'études.

Les matières enseignées sont les suivantes :

Mathématiques ;

Physique ;

Chimie ;

Minéralogie et géognosie ;

Mécanique ;

Construction des machines ;

Exploitation des mines ;

Géodésie ;

Métallurgie ,

Docimasie ;

Essais par voie sèche ;

Dessin des machines ;

Dessin des plans ;

Constructions et dessin de constructions ;

Comptabilité.

Les élèves qui se destinent à l'art des mines sont dispensés des cours de minéralogie et de docimasie; ceux qui aspirent à la direction des usines ne sont pas astreints à suivre les études relatives à l'exploitation et la géodésie.

La Silésie possède deux *Bergschule* : celle de Waldenbourg et celle de Tarnowitz, indépendamment des

Vorschule de Neurode et de Gottesberg. L'école de Waldenbourg ne formait d'abord que des *steiger* et *obersteiger*. Mais, comme l'insuffisance des *markscheider* s'est accusée, on a adjoint à l'école primitive des cours pour le recrutement des géomètres de mines. Les élèves qui désirent y obtenir le diplôme de *steiger* ont deux années d'études et les futurs *markscheider* trois ans, dont deux de préparation et un de cours supérieur.

Ces différentes écoles renferment des collections minéralogiques générales et des collections spéciales du terrain houiller et d'empreintes végétales de cette formation.

Saarbruck possède également une *Bergschule* et, dans cette circonscription administrative, sont établies plusieurs *Vorschule*.

Enfin il existe aussi, disséminées dans les localités industrielles de l'Allemagne, des *Gewerbschule*, analogues à nos écoles industrielles, et dont six pour la Silésie seule. Ce sont, en général, des *steiger* qui en suivent les cours. Les ouvriers proprement dits y sont en minorité.

B. Écoles de mines (Bergacademie). — L'empire allemand possède deux écoles de mines ; celle de Berlin et celle de Clausthal. Dans le royaume de Saxe est établie une école similaire, celle de Freyberg.

Les programmes et le nombre d'années d'études ne sont pas uniformes dans ces diverses écoles. Elles possèdent de magnifiques collections minéralogiques, technologiques et géodésiques. Les locaux, généralement défectueux, sont en voie ou en projet de reconstruction.

L'école de mines de Berlin, installée aujourd'hui dans l'ancienne Bourse, et sous la direction de M. Hauchecorne, renferme 70 élèves environ. On n'y enseigne que les sciences d'application, les élèves ayant dû, au préalable, suivre les cours de science pure dans les universités. Les cours comprennent seulement deux semestres dans lesquels les programmes sont libellés comme suit :

Semestre d'hiver. — Exploitation des mines (1ʳᵉ partie) : exploitation des salines (M. Lottner). — Métallurgie générale : essais par voie sèche (M. Wedding). — Travaux docimastiques (M. Finkener). — Mécanique (1ʳᵉ partie) : Sciences mathématiques (M. Bertram). — Machines (1ʳᵉ partie) (M. Werner). — Législation des mines allemande et française (M. Klostermans). — Minéralogie (M. G. Rose). — Géologie (terrains neptuniens) (M. Beyrich). — Chimie minérale (M. Rammelsberg). — Dessin et construction (M. Hertzer)

Semestre d'été. — Exploitation des mines (2ᵉ partie) : lever des plans (M. Lottner). — Métallurgie du fer : essais par voie humide ; essais au chalumeau (M. Wedding). — Sciences mathématiques (M. Bertram). — Machines (2ᵉ partie) (M Werner) — Législation des mines française et droit administratif des mines (M. Klostermans). — Géologie : terrains primitifs et plutoniens (M. G. Rose). Terrains neptuniens (M. Beyrich). — Dessin et construction (M. Hertzer).

Les collections minéralogiques générales et spéciales que renferme l'école des mines de Berlin, sont des plus intéressantes. Les collections de dessin ne présentent rien de bien remarquable. Celles relatives à l'art des mines possèdent des types d'exploitation en relief, des coupes verticales du terrain houiller formées de plaques de verre se croisant perpendiculairement, et sur lesquelles est tracée l'allure des couches avec une projection horizontale sous-jacente, un ensemble d'appareils et outils relatifs à l'exploitation et la minéralurgie; enfin, il s'y trouve, comme nous l'avons signalé, une collection d'instruments géodésiques.

L'école des mines de Clausthal, sous la direction de M. le docteur Von Groddeck, est suivie par 33 élèves environ, parmi lesquels on distingue beaucoup d'étrangers, et surtout d'Américains. Les programmes, répartis sur une année d'études, comprennent :

Les mathématiques :

La physique ;

La chimie ;

La minéralogie et la géognosie ;

La mécanique et la construction des machines ;

La topographie souterraine ;

L'exploitation des mines ;

La métallurgie;

Les essais docimastiques ;

Les constructions.

L'école des mines de Freyberg, illustrée par Werner et aujourd'hui sous la direction de M. Zeuner, comporte des cours similaires à ceux de l'école de Clausthal.

Ses collections minéralogiques renferment plus de 80,000 échantillons. Une salle spéciale comprend celles de Werner. Elles sont divisées en deux catégories, la première sous le nom de « Collection minéralogique », la seconde, sous celui de « Collection géognostique ». La première, à laquelle se rattache celle de Werner, possède les plus beaux échantillons minéralogiques, tant du pays que de l'étranger ; ils sont disposés sur des étagères, renfermées sous des glaces. Des tiroirs sous-jacents renferment les échantillons de petit module. On y trouve des spécimens de toute beauté.

La collection géognostique est une collection minéralogique par catégories des formations : elle est incomplète toutefois. Dans la salle y afférente, on trouve les cartes suivantes :

1° Gangkarte von den innern Theile der Freyberger Bergrevier, par M. Muller, Bergmeister à Freyberg ;

2° Geognostische specialkarte des Königreichs Sachsen par Naumann et Cotta.

La même salle renferme des reliefs en plâtre de différentes contrées, de même que des reliefs de travaux miniers : une représentation de ces derniers, au moyen d'un canevas métallique, s'y rencontre également.

Des salles spéciales sont affectées aux collections d'appareils métallurgiques et miniers. Un constructeur, M. Lehman, chargé de l'entretien de ce musée et de pourvoir à la création d'appareils nouveaux, au fur et à mesure des besoins, a un atelier au siége même de l'établissement. Il pourvoit également aux commandes étrangères à ce dernier.

2° Organisation et recrutement du personnel de l'Administration des mines et des géomètres y affectés.

La loi générale sur les mines, promulguée en Prusse le 24 juin 1865, défère, dans son article 190, à l'Administration supérieure (Oberbergamt), la surveillance des études des candidats qui se destinent à entrer dans le corps des mines, ou à devenir géomètres des mines, de même que la délivrance et le retrait, à ces derniers, de l'autorisation d'exercer leur emploi. L'examen des récipiendaires à ces diverses fonctions lui est également dévolu, ainsi que le contrôle de leurs travaux.

L'Administration allemande des mines comprend deux catégories essentielles de fonctionnaires : les fonctionnaires techniques et les fonctionnaires juridiques.

Pour obtenir le diplôme de la première catégorie, il

faut, après avoir suivi les cours et subi les épreuves d'un *gymnase*, se soumettre pendant un an à la pratique du métier dans les mines, pour en connaître les différentes phases. Puis le récipiendaire suit pendant deux ans les cours scientifiques d'une université, après quoi il fréquente une école de mines (Bergacademie) pendant un an ; après y avoir subi l'épreuve requise, il devient *référendaire*. Il entre ensuite dans les bureaux de l'Administration, et, après y avoir coopéré aux travaux journaliers, pendant deux années, sans traitement, il devient *assesseur*, après une épreuve subie au Ministère des Travaux Publics et du Commerce à Berlin. Il entre, enfin, en cette qualité, dans les bureaux d'une circonscription minière dont les différents grades à parcourir sont ceux de *Bergmeister, Bergrath, Oberbergrath* et enfin, *Berghauptmann*, correspondant au titre d'Ingénieur en chef. Au-dessus de ce dernier est le *Oberberghauptmann*, résidant à Berlin (Inspecteur général). Les traitements de ces différents fonctionnaires sont les suivants :

Assesseur	800 thalers.	fr.	3,000
Bergmeister	1,100	»	4,125
Bergrath	1,100	»	4,125
Oberbergrath	1,500 à 2,000	»	5,625 à 7,500
Berghauptmann	3,000 à 4,000	»	11,250 à 15,000
Oberberghauptmann,	5,000 à 8,000	»	18,750 à 30,000

Pour obtenir le diplôme de la seconde catégorie, c'est-à-dire de fonctionnaire juridique, on doit suivre pendant trois ans les cours juridiques d'une université, et subir l'examen de *référendaire*. Après quoi, on fait un stage de trois ans au barreau, et l'on subit l'examen d'*assesseur*. Puis le fonctionnaire entre dans les bureaux juridiques d'un *Bergamt* (Administration des mines) où la même succession dans les grades doit être parcourue, comme pour les fonctionnaires techniques.

Cette organisation est donc essentiellement différente de la nôtre. Nous possédons, à vrai dire, à côté du personnel proprement dit de l'Administration, lequel est purement technique, un Conseil des mines, qui tient lieu des fonctionnaires juridiques allemands.

Quant aux géomètres (*markscheider*), ils comprennent deux classes bien distinctes : les géomètres *privés* et les géomètres *concessionnés*. Les premiers n'ont aucune espèce d'attache à l'État ; mais aussi ils ne peuvent s'occuper que de travaux étrangers aux levers des plans de mines. Pour obtenir l'autorisation d'exécuter ces derniers, c'est-à-dire pour devenir géomètre *concessionné*, il faut, après avoir fréquenté les cours d'un *gymnase* ou d'une *école réale*, suivre les travaux des mines pendant un an, pour connaître parfaitement tous les détails du métier. Le récipiendaire est ensuite attaché comme stagiaire, pendant trois ans, soit chez un géomètre *concessionné*, soit à un *Bergamt* ; il fréquente en même temps les cours d'une école de mineurs ou d'une école de mines. Puis, il subit un examen devant le *Bergamt* pour obtenir son diplôme. Les géomètres inspecteurs (*Obergamtsmarkscheider*), fonctionnaires de l'État, sont choisis parmi les géomètres *concessionnés* qui ont passé le mieux cet examen.

Les garanties de capacité des géomètres résident, en Allemagne, dans la solidité des études auxquelles sont soumis les jeunes gens qui se destinent à cette carrière, dans la rigueur des épreuves qu'ils doivent subir pour obtenir l'autorisation d'être employés en cette qualité, et dans le contrôle des fonctionnaires qui, pour des négligences de service, peuvent retirer cette autorisation.

Pour obtenir un diplôme, les récipiendiaires doivent faire : 1° un lever à la boussole et au théodolithe dans une mine, puis un nivellement avec report et calculs ;

2° une triangulation à la surface entre plusieurs puits par les procédés les plus perfectionnés ; 3° un plan de mine et un profil de bacnure, avec texte et perspective.

Jusqu'en 1851, les géomètres des mines étaient fonctionnaires de l'État, et répartis en nombre proportionnel à l'importance de chaque district, sous la tutelle et le contrôle immédiat des Ingénieurs des mines. Le règlement général du 25 février 1866, faisant suite aux dispositions implicites de la loi du 12 mai 1851, abolit ce régime. Dès lors, mis librement à la disposition des exploitants, ils ont été salariés par ces derniers, soit à forfait, soit d'après un tarif libellé dans ce règlement.

La nouvelle loi, au point de vue des principes, établit en Allemage l'état de choses existant en Belgique. C'est un indice décentralisateur, dont on ne peut méconnaître l'importance Sans doute, une attache intime est maintenue entre les géomètres et l'Administration des mines, par l'existence du contrôle immédiat des géomètres-inspecteurs (*Oberbergamtsmarkscheider*), fonctionnaires de l'État, qui, dans leurs visites périodiques, s'assurent de la bonne exécution du lever des plans. Mais, en fait, les géomètres sont à la disposition des exploitants. Il est vrai que les garanties de capacité qu'ils ont dû fournir avant d'être agréés, sont telles qu'elles donnent, *à priori*, les apaisements les plus sérieux, quant à l'exactitude de leurs opérations.

A cet égard, il y a une différence énorme entre le régime allemand et le régime belge. Ainsi, la plus grande confusion règne dans nos mines au point de vue de l'organisation du service des plans. Chaque exploitation, en quelque sorte, a son système. Tantôt, ce sont des ingénieurs stagiaires, qui sont chargés des levers ; tantôt, c'est un employé inférieur,

un surveillant , ou le maître ouvrier, et leur carnet est
transmis à un géomètre qui, dans son bureau, exécute
le plan. Il en résulte une irresponsabilité de fait, des
malfaçons, un défaut d'unité préjudiciables à tous
égards. Il suffit de signaler de semblables irrégularités, dans un service de la plus haute importance,
pour conclure qu'en notre pays ce service devrait être
réorganisé sur des bases fournissant des garanties absolues, quant à une exécution irréprochable.

Les avis des fonctionnaires de l'Administration des
mines en Allemagne sont partagés, quant à l'influence
des principes nouveaux, régissant le service des plans.
Les uns se plaignent de l'indépendance accordée aux
géomètres des mines, lesquels, dans certaines circonscriptions, cherchent à aller sur les brisées des deman-
deurs en concession, et font en partie effectuer les
opérations afférentes à leurs fonctions par les stagiaires attachés à leurs bureaux.

M. Huyssen, Ingénieur en chef à Halle, m'a dé-
claré que, depuis la nouvelle loi, les géomètres *concessionnés*, ne relevant plus directement de l'État, les
géomètres-inspecteurs, qui seuls, sont fonctionnaires
dans la catégorie des géomètres, ont beaucoup de
peine à suivre administrativement le travail de ces
agents. D'autre part, ces derniers réclament contre la
rémunération insuffisante qui leur est allouée, et pour
gagner plus facilement leur salaire, ne font plus guère
d'opérations qu'à la boussole, abandonnant l'usage du
théodolithe. Enfin, les exploitants se plaignent de
l'insuffisance du nombre des géomètres, de sorte que
personne n'est satisfait.

En Silésie, plus qu'en Westphalie, on se plaint de
l'insuffisance numérique des géomètres. M. le directeur
de l'école des mines de Waldenbourg en attribue les
causes : 1° à la rigueur des examens ; 2° aux facilités

d'existence que présente la Westphalie, et qui provoquent une migration vers cette direction. M. Hörold géomètre-inspecteur à Breslau, et dont l'opinion est d'un grand poids en cette matière, ne se plaint pas du régime de la loi nouvelle. Il attribue la pénurie actuelle susdite, aux circonstances suivantes : 1° Sous l'ancienne loi, les géomètres des mines, étant fonctionnaires de l'État, avaient droit à la pension, mais ne jouissaient que d'un traitement modeste. L'industrie minérale, ayant pris un grand essor dans ces dernières années, les jeunes gens qui, dans les circonstances ordinaires, se seraient destinés au service de l'État, préfèrent actuellement les positions privées, où ils obtiennent des traitements magnifiques.

2° D'autre part, certaines administrations publiques, telles que le cadastre, les chemins de fer, présentent pour ces jeunes gens des emplois plus faciles à obtenir, au point de vue des examens, et où la carrière fournit au moins autant d'avenir. Les examens, pour le diplôme de géomètres (*Markscheider*), sont, au contraire, conservés à leur ancienne rigueur, eu égard à l'importance d'un service irréprochable.

Faudrait-il en conclure que le gouvernement allemand fera un retour vers le passé en réadoptant les anciennes dispositions? Ce n'est pas probable. La plainte générale réside, en effet, dans la pénurie des géomètres, et ce n'est point par une attache immédiate à l'État qu'on parviendra à en augmenter notablement le nombre, malgré la perspective d'une pension, résultant de la qualité de fonctionnaire.

Au surplus, les géomètres inspecteurs, chargés de vérifier chaque année dans des tournées périodiques les plans des exploitations, ne signalent pas d'irrégularités sérieuses dans la tenue de ces plans depuis l'introduction du nouveau régime. Il y a, du reste, lieu de croire que si l'ancien ordre de choses avait été maintenu, bon nombre de géomètres, fonctionnaires, auraient quitté leur service pour entrer dans l'industrie privée qui recrute de la sorte d'excellents directeurs de mines. La pénurie actuelle et les griefs qu'elle suscite résultent donc bien plutôt de la situation florissante de l'industrie que d'un changement dans le texte d'une loi.

Mais il ne faut point que, dans le but de faciliter le recrutement, on abaisse le niveau des études exigées pour l'obtention du diplôme de géomètre. La capacité requise jusqu'à présent, en Allemagne, pour être investi de cette qualité, est, je le répète, la garantie la plus sérieuse de la bonne marche du service.

Les moyens à mettre en œuvre pour assurer ce recrutement, doivent-ils faire l'objet de l'intervention de l'Administration, ou bien doivent-ils être abandonnés à l'initiative personnelle des exploitants?

L'Allemagne a résolu la question dans ce dernier sens en adoptant le système belge.

En dernière analyse, le but à réaliser est l'exécution irréprochable des plans de mines. La solution la meilleure serait d'atteindre ce but sans limiter en rien la liberté de l'exploitant. Or, de par la loi des mines, ce dernier est tenu de faire dresser les plans d'après des instructions déterminées. Peu importent les moyens dont il se servira, pour autant que ces plans soient exactement tenus. Dès lors, l'industriel, étant mieux en position que l'Etat, de rétribuer, proportionnellement aux services rendus, l'employé dont il se sert, les intérêts du service seront sauvegardés du moment que l'Administration des mines possèdera des moyens de contrôler rigoureusement l'exactitude de ces plans, et que les jeunes gens qui se destinent à la profession de géomètre auront subi des épreuves suffisantes de capacité. Dès que cette base essentielle est réalisée, le recrutement est assuré de lui-même, grâce aux positions enviables que la carrière industrielle de géomètre présente aux candidats qui, par la solidité de leurs études, peuvent voir s'ouvrir devant eux la perspective d'obtenir des emplois très-enviables dans le personnel de la direction des exploitations.

Examinons quels éléments accessoires, mais non moins nécessaires, permettront d'assurer le service de de la cartographie minière.

a). Fabriques d'instruments géodésiques.

Il ne suffit pas de posséder de bons géomètres ; il faut leur mettre en mains de bons outils. Tant vaut l'outil, tant vant l'ouvrier, dit l'adage, très-applicable dans l'espèce. Or, un pays minier est souvent tributaire des instruments que la tradition y a implantés. Les méthodes subissent difficilement des migrations. Il en résulte que parmi les établissements qui, au point de vue de la cartographie, méritent des encouragements spéciaux, figurent les ateliers de construction d'appareils géodésiques.

Des divers pays miniers, il est indubitable que l'Allemagne est celui qui a réalisé le plus de progrès au point de vue de l'affectation d'un choix d'instruments de précision pour le service de la confection des plans.

C'est en Allemagne que les travaux les plus remarquables de la géodésie souterraine ont été effectués, et ce, avec un degré d'exactitude, qui met en relief, à la fois, l'outillage usité, et la valeur des hommes spéciaux, affectés à ce service. La réussite dans la conduite du percement de la grande galerie Ernest Auguste, dans le Hartz, galerie dont les différents tronçons se sont trouvés raccordés, non-seulement suivant une même direction, mais encore suivant un même niveau de pente, quoiqu'entamée par une série de puits d'attaque, suffirait à elle seule pour accorder à M. Borchers la place la plus distinguée parmi les géomètres éminents que l'on rencontre en Allemagne, et dont Weisbach, le célèbre professeur de Freyberg fut le devancier. Mais, si l'on admire la dextérité surprenante et la patience hors ligne dont ils ont fait preuve dans leurs travaux, l'attention ne doit pas être moins fixée sur le choix judicieux des instruments dont ils se sont servis, et sur la perfection d'exécution de ces derniers.

Il convient dès lors de rechercher quelles causes spéciales ont permis d'atteindre successivement cette perfection.

Je les trouve dans deux objets : le premier, dans l'érudition des hommes qui se sont consacrés à ces fabrications spéciales ; le second dans les encouragements que les plus capables ont reçus du gouvernement, encouragements qui ont appelé l'attention d'autres fabricants sur une industrie qui, dans certains centres, a pris une importance considérable.

Les fabricants de l'espèce, renommés en Allemagne, se sont entièrement spécialisés. Ils construisent des instruments pour le lever des plans et rien d'autre.

Indépendamment des connaissances scientifiques et techniques qu'ils apportent dans la direction de leurs ateliers, leurs relations continuelles avec les exploitants leur permettent d'apprécier sans cesse quels perfectionnements peuvent être apportés à telle ou telle partie d'un instrument. Or, comme ces perfectionnements sont réels, quelques faibles qu'ils soient, et que le mineur allemand apprécie la valeur d'un bon outil, ces appareils trouvent toujours débit.

Grâce à la production considérable qu'un atelier en réputation ne tarde pas à obtenir, la division du travail y est poussée très-loin. Ce sont les mêmes ouvriers qui exécutent toujours les mêmes pièces de tel appareil.

Le fabricant a le sentiment de sa réputation. Aussi, non-seulement chaque détail est vérifié par lui minutieusement avant d'être transmis au montage, mais encore, avant d'être livré au consommateur, l'instrument est soumis aux vérifications suffisantes pour que la certitude de sa bonne exécution soit acquise.

Les machines les plus perfectionnées se rencontrent dans ces ateliers, notamment en ce qui concerne la graduation.

On comprend qu'en ces conditions les fabricats présentent toujours un caractère de haute perfection, dans les détails, et de nouveauté, quant au type.

Le gouvernement favorise d'une manière plus ou moins directe ces établissements Les commandes considérables, nécessaires pour l'alimentation des collections d'instruments, existant dans chaque école de mines, commandes effectuées indistinctement aux divers fabricants qui produisent un appareil de mérite, appellent l'attention de l'industrie privée sur tel ou tel atelier. Il en est de même des fournitures continuelles nécessaires aux géomètres des différentes circonscriptions de l'Administration des mines.

Ainsi se sont développés, et ont acquis un renom légitime, les établissements de MM. Breithaupt à Cassel, Aug. Lingke et Cie et Osterland à Freyberg, Ertel à Munich. Qu'il me soit permis de signaler aussi en Autriche ceux de MM. Starke et Kammerer, autrefois annexés à l'école polytechnique de Vienne et actuellement installés dans une vaste construction voisine. Beaucoup d'autres, moins en relief, se rencontrent à Berlin, à Breslau, à Leipsick, etc.

b). Établissements topographiques pour la reproduction des cartes minières.

L'outillage et l'habileté requis pour l'impression de cartes minières coloriées, réclameraient impérieuse-

ment l'affectation d'ateliers spécialisés à ce genre de
travaux. Or, on ne peut rencontrer ces conditions, que
pour le cas où l'abondance régulière des commandes
assurerait la rémunération que doivent comporter l'importance du capital et les moyens à mettre en œuvre.
Il en résulte que, pour le moment, des établissements
de l'espèce pourraient subsister uniquement, grâce à
un certain monopole, fournissant ces garanties, si non
à des encouragements spéciaux.

Dans l'état actuel de la question, il existe, sans doute,
en Allemagne, à Dusseldorf entr'autres, des ateliers
chromolithographiques très-recommandables. Mais,
jusqu'à présent, la spécialité précitée fait encore défaut.
Aussi longtemps que cet état de choses persistera, la
reproduction des cartes sera enrayée eu égard à l'élévation du prix de revient. Or, l'intérêt puissant qui
s'attache à la réalisation économique de ces procédés
de reproduction, doit engager à rechercher les moyens
d'en faciliter l'avènement.

Sans vouloir désirer que l'État intervienne en cette
matière, en se substituant à l'initiative privée, par la
création d'établissements spéciaux, je constate néanmoins qu'à Berlin, comme à Vienne, comme à Bruxelles,
les grands travaux de l'espèce sont concentrés dans les
mains officielles. L'imprimerie de l'État, à Berlin, de
même que l'institut militaire géographique de Vienne,
de même que l'état-major, à Bruxelles, ont fondé des
ateliers spéciaux, dans lesquels des essais coûteux ont
été effectués, ou se poursuivent, pour arriver à une
solution économique du problème, sans que, jusqu'à
présent, le but ait été atteint d'une manière complète.
Il y a donc lieu de croire, qu'en cette matière encore,
le pouvoir centralisateur devra, tout au moins, montrer la voie que les novateurs pourront ultérieurement
poursuivre avec assurance de succès dans le domaine

des intérêts privés. Il n'en serait pas moins juste de patroner, dès à présent, les ateliers particuliers qui auraient déjà conquis une certaine réputation dans la reproduction des cartes, par la chromophotolithographie, procédé auquel je donne sans réserve la préférence. L'établissement typographique Vander Maelen a eu, autrefois, un grand lustre, en notre pays, par la publication de ses cartes géographiques. Il serait éminemment désirable qu'un institut semblable fut encouragé par le gouvernement de tout pays industriel pour la reproduction des cartes minières coloriées.

c). Organisation de musées renfermant les collections minéralogiques spéciales et géodésiques.

Les moyens de vulgariser les études minérales sont nombreux en Allemagne. Le musée des mines, à Berlin, est une création qui mérite d'être imitée. Il renferme à peu près toutes les publications cartographiques relatives à l'Allemagne minérale. Il pourrait être complété par l'adjonction d'une collection minéralogique, embrassant la succession des roches essentielles ou caractéristiques d'une formation. Un tel ensemble permettrait d'aviver considérablement les études en cette matière, de coordonner les recherches effectuées jusqu'à présent dans un centre minier, d'assurer la généralisation des observations. Il fournirait au géologue, comme à l'industriel, des points de repère précieux pour les investigations quotidiennes.

Toutefois, l'organisation d'un tel musée général, dans la capitale d'un pays, ne serait véritablement utile qu'à la condition que, dans chaque siége administratif des mines, un musée analogue, mais spécialisé aux formations de cette circonscription, fût organisé. Ainsi en est-il partiellement en Allemagne, grâce à l'adjonction, aux nombreuses écoles de mines, réparties dans les localités industrielles, des collections

minérales et géodésiques des plus importantes, mais
qui, pour celles-ci, ne répondent cependant pas encore
au programme que je signalais ci-dessus.

Le musée de l'Industrie à Bruxelles est, il faut l'espérer, le prélude d'une semblable création pour la Belgique, dont les écoles spéciales de mines devraient à
leur tour posséder les collections minéralogiques et
géognostiques afférentes aux gisements spécialement
respectifs de leur ressort.

CHAPITRE VI.

CONCLUSIONS.

Sommaire. — Importance capitale de posséder des plans exacts et complets. — Absence d'unité
dans les moyens employés par des pays voisins pour arriver à la description de leurs gisements. — Intérêt considérable qui s'attache à l'unification des méthodes à cet égard. —
Exemple. — Comparaison entre l'Allemagne et la Belgique en matière de cartographie minière. — Procédés que l'une peut emprunter à l'autre et vice versâ. — Vœux au point de vue
de la cartographie minière belge.

La base de la cartographie minière réside dans la
bonne tenue des plans représentant les travaux souterrains et des plans superficiels.

Deux vices entachent fréquemment les plans d'exploitation : leurs inexactitudes et leur état incomplet.

Si, dans chaque pays minier, on avait des données
précises sur les explorations effectuées anciennement,
dans les différents gisements, en un mot, la connaissance relatée des perquisitions effectuées, la cartographie minière aurait pu, depuis longtemps déjà, dévoi-
ler les richesses variables des différents centres
producteurs, en combustibles comme en minerais.
C'est, qu'en effet, beaucoup de travaux ont été effectués, autrefois, sans qu'on ait conservé la trace écrite
de ces exploitations : cette première lacune est irrémé-
diable. Elle est immense.

Une seconde lacune, persistant encore aujourd'hui dans une certaine mesure, est l'état incomplet des plans souterrains. Un plan est complet à la condition que, par son aide, on puisse reconstituer, dans son intégrité, la relation des exploitations et des terrains mis à nu. Il ne suffit donc pas qu'ils représentent l'étendue et les conditions de gisement d'une concession, il faut encore qu'ils fournissent, avec tous les détails désirables, l'état des galeries de recherches, celles-ci fussent-elles même stériles. Or, ce canevas complet fait défaut presque partout. Si, à ce point de vue, les plans des mines allemandes sont de beaucoup supérieurs à ceux des mines belges, ils ne constituent pas encore un ensemble à l'abri de tout reproche.

Les plans superficiels ont également laissé jusqu'à présent beaucoup à désirer au point de vue de l'exactitude précise. Les plans cadastraux qui, généralement, servent de base à leur établissement, ont été ou sont actuellement l'objet d'une révision en Belgique comme en Allemagne, par suite de l'exécution des cartes topographiques dressées avec le plus grand soin par les états-majors. On ne peut qu'applaudir aux résultats obtenus par ces derniers. Toutefois, on doit regretter qu'un accord préalable n'ait pas été concerté entre les trois administrations qui ont le plus grand intérêt à l'obtention d'un plan superficiel exact : l'administration militaire, l'administration cadastrale et l'administration des mines. Si cet accord préalable avait eu lieu, on aurait pu compléter les opérations géodésiques des états-majors, en rattachant directement aux réseaux militaires, les limites des communes, intéressant l'administration du cadastre, les puits et les limites des concessions, intéressant l'administration des mines. Or, cette entente n'ayant pas été concertée, il faut encore, quelle que soit la précision de la carte militaire, un grand travail pour y affilier les points nécessaires à l'établissement, soit des plans cadastraux, soit des plans miniers. On aurait pu, en même temps, s'entendre sur le choix d'une échelle commune.

Cette absence d'unité dans les vues, essentiellement nuisible aux intérêts généraux, pourrait être également signalée en ce qui concerne la cartographie minière proprement dite des différents pays.

Pour le démontrer, je prendrai un exemple :

La formation houillère belge, interposée entre les dépôts similaires français et allemands, fait l'objet d'études entièrement isolées dans ces trois pays. N'eut-il pas été du plus haut intérêt, pour la science, non moins que pour l'industrie, que des bases générales fussent posées, quant aux procédés à employer, pour mettre à fruit ces études dans le plus court espace de temps ? Un moyen infaillible eut été d'adopter pour chacun d'eux une même méthode.

La Belgique a pris les devants à cet égard. Un service spécial de l'administration des mines a été organisé à cette fin. Le système que l'on y a choisi pour l'étude et la représentation des formations minérales est rationnel ; il est applicable aux dépôts similaires circonvoisins.

Ainsi, possédant les plans des exploitations houillères, des coupes verticales systématiques sont dressées dans toute l'étendue des gites exploités. Ces coupes réelles pour les parties exploitées, sont complétées théoriquement en poursuivant parallèlement le tracé des couches dont on connaît la distance à celles qui leur sont reconnues directement supérieures ou inférieures par les découvertes des exploitations voisines ; on obtient ainsi, pour toute l'étendue de la formation, un réseau de coupes se complétant théoriquement les unes par les autres, et qui fournissent dans leur ensemble le canevas de la formation.

Si, par des opérations de nivellement, on a déterminé le niveau de tous les puits relativement au zéro de la mer, on peut tracer sur ces coupes un ou plusieurs horizons, dont les intersections avec chaque couche des coupes verticales donneront, dans leur assemblage, l'emboîtement horizontal de la formation envisagée.

Telle est l'étude stratigraphique, anatomique d'un gite. Elle ne peut suffire pour sa connaissance intime, ni pour la détermination du dénombrement exact des couches et de leur synonymie.

Pour arriver à la solution de cette partie du problème, celle qui intéresse avant tout la supputation de la richesse minière d'un pays, doivent intervenir les études précises de la nature minéralogique détaillée des différentes assises constitutives du dépôt. Ces études, seules, permettent de rechercher si des couches dénommées différemment, par suite de leur changement de nature, en deçà et au-delà des grandes lignes de cassure, ne sont pas des couches congénères.

Le mode de recherches, à ce affectées, comprend le relevé préalable et détaillé, tant au point de vue minéralogique qu'au point de vue paléontologique, des terrains recoupés, soit par puits, soit par galeries à travers bancs. Possédant cette connaissance intime d'un dépôt, on parvient, après en avoir établi la composition sur des bases comparables, c'est-à-dire suivant une coupe perpendiculaire à l'inclinaison et à la direction du terrain, à obtenir des données qui permettent de dresser la succession constitutive et typique des bancs de la formation depuis la première jusqu'à la dernière couche.

On peut dès lors y rattacher, par analogies de composition, les séries dont les couches auraient été erronément envisagées comme entièrement distinctes.

Enfin, l'étude des mouvements des diverses roches, dans les affleurements, ou dans les parties mises à nu par les tranchées de route ou de chemins de fer, de même que par les carrières superficielles permet de déterminer souvent l'allure des zones pour lesquelles les renseignements des travaux souterrains sont insuffisants ou n'existent pas.

On conçoit que cette méthode complexe, appliquée dans son intégrité, avec tous les soins qu'elle réclame, puisse résoudre toutes les difficultés, et faire prévoir avec assez d'exactitude le tracé des couches dans des parties même inexplorées. L'expérience acquise par son application, aux parties du bassin houiller belge les plus confuses et les plus tourmentées, me prouve qu'elle pourrait être tentée avec succès dans cette enclave de la formation houillère de l'Allemagne qui, jusqu'aujourd'hui, est encore la moins bien connue et la plus difficile à décrire, je veux parler du bassin silésien. A plus forte raison, si elle avait été employée dans la confection de la carte houillère de la Westphalie et des provinces rhénanes, on aurait pu obtenir des résultats descriptifs complets, ce qui n'a pas eu lieu, et établir les relations géologiques existantes entre le dépôt belge et les bassins allemands.

De ce qui précède, ressort à l'évidence la haute utilité qui résulterait de l'adoption d'une méthode unique, appliquée dans les mêmes conditions, par des pays voisins, exploitant des gisements similaires.

A ce sujet, il semble étrange, à première vue, que les expositions universelles n'aient point réalisé davantage l'échange des procédés : si elles n'ont point produit tous les résultats qu'on aurait pu en attendre, en matière de cartographie entr'autres, c'est que les cartes minières ont été souvent exposées sans l'annexion des légendes explicatives suffisantes. Cet oubli des exposants a laissé passer inaperçus, même par des gens spéciaux, les résultats que je signale. Ainsi, ai-je pu apprécier que le système précité de représentation graphique des dépôts miniers n'était pas encore compris d'une manière complète, même par des fonctionnaires de l'Administration des mines allemandes qui, cependant, en avaient vu des spécimens à l'exposition de Vienne.

Si, en général, l'unification des procédés à employer pour fournir la description des gîtes miniers appartenant à des pays voisins, serait éminemment désirable aux intérêts respectifs des uns et des autres, celle qui est préconisée ci-dessus aurait d'autant plus de chance d'être adoptée par l'Allemagne, que les tendances réformistes y ont actuellement cours. C'est ainsi que bientôt tous les plans de mines de houille seront, comme je l'ai signalé déjà, dressés à l'échelle adoptée en Belgique de 1 à 1,000.

Au surplus, une méthode nouvelle de l'espèce aurait d'autant plus facilement droit de cité en Allemagne que jusqu'à présent il n'y existe encore aucun service spécial des mines pour l'exécution d'une carte minière ; si, d'après probabilité, ce service est créé, il pourra utiliser l'expérience acquise à cet égard en Belgique. Or, le gouvernement allemand actuel a prouvé, à suffisance, son désir de développer le plus complétement les forces vives du pays par le levier des études scientifiques pour qu'il accueille les méthodes sanctionnées par ses voisins.

Si l'Allemagne peut calquer sans réserve les procédés appliqués en Belgique pour la description des dépôts miniers, par contre, nous pouvons prendre comme modèle l'organisation allemande quant à l'exécution des plans représentatifs des travaux souterrains.

La situation d'infériorité comparative que je signalais plus haut, au point de vue de nos plans, avait fait reporter naturellement l'attention sur les procédés et l'organisation du personnel de l'administration des mines allemandes. On avait cru utile, au point de vue d'une réforme complète, de proposer une organisation modelée sur celle qui existait dans ce pays avant la promulgation de la loi sur les mines du 24 juin 1865, c'est-à-dire la création en Belgique d'un personnel de géomètres fonctionnaires de l'État.

Ce projet a rencontré une vive opposition des exploitants belges, qui, invoquant, entr'autres, les principes de l'autonomie, protestaient contre toute intervention officielle de géomètres dans leurs travaux. La surveillance des mines, étant du ressort de l'administration, cette question de principe paraît très-discutable dans l'espèce. Sans m'y arrêter, je dirai que l'argument qui prévalait dans l'exposé des motifs du projet était l'opinion émise que bientôt, l'administration allemande reviendrait à ses anciens errements, le nouveau régime, à peu près le même que celui existant en Belgique, ayant démontré l'impossibilité de le maintenir, eu égard aux inexactitudes et négligences qui auraient été constatées depuis lors dans l'exécution des plans. C'est là précisément la question de fait la plus importante, celle qu'il faut viser avant tout.

Or, il résulte de mes investigations personnelles dans les différentes circonscriptions de l'administration des mines allemandes, que les géomètres-inspecteurs les plus autorisés n'émettent aucun grief, quant à l'exactitude des plans dressés depuis le nouveau régime. Les lacunes qu'ils constatent résident dans la difficulté de recruter des géomètres à suffisance des besoins du service. Mais, comme les fonctionnaires sont toujours de beaucoup moins bien rétribués que les agents occupant des emplois similaires dans l'industrie privée, cette insuffisance se serait très-probablement signalée sous l'ancienne loi, alors que dans ces derniers temps, l'industrie minière a pris un développement considérable. Le recrutement s'opérera à l'aise, du jour où les industriels, qui payent ces agents, élèveront le taux de leur traitement. L'insuffisance numérique constatée est le résultat de l'offre et de la demande, l'industrie ayant accaparé des jeunes gens qui, antérieurement, se seraient destinés à la carrière de géomètre. Ce n'est donc pas à la loi qu'il faut recourir pour favoriser ce recrutement. Il résultera d'une rémunération suffisante. Si l'administration n'a pas à s'en occuper, elle doit intervenir pour assurer la bonne exécution des travaux confiés à ces agents. Et, en effet, l'insuffisance de capacité des personnes chargées des opérations topographiques est la cause essentielle des défectuosités que nos plans révèlent. On peut donc appliquer sans réserve les exigences requises par l'administration des mines allemandes pour la délivrance des diplômes de géomètres.

Mais, pour être en état de se montrer aussi exigeant que de raison à cet égard, il est indipensable que des écoles suffisantes soient créées, et largement organisées, à l'effet de fournir aux jeunes gens, qui se proposent d'embrasser cette carrière, les moyens d'obtenir ce diplôme. Je rappellerai, à cet égard, le nombre important d'écoles de mineurs et d'écoles de mines que l'on rencontre en Allemagne dans tous les centres miniers, la nécessité de compléter cette création dans certaines communes belges en appropriant à suffisance les programmes à l'industrie locale, enfin l'opportunité de garanties rigoureuses de capacité, conférées par des épreuves sérieuses pour la collation d'un diplôme.

Il nous reste encore beaucoup à perfectionner, en

cette voie, pour assurer le service de la cartographie minière.

Possédant ces bases indispensables, l'administration des mines doit user de toute son influence pour que les meilleurs instruments géodésiques soient employés dans la confection des plans. Les géomètres allemands ont des instruments et méthodes généralement différents de ceux que l'on a adoptés en Belgique. S'il était impossible de rompre en visière avec des traditions séculaires, tout au moins pourrait-on exiger de substituer à la boussole vicieuse, usitée en notre pays, l'une des boussoles à lunette centrale, telles que j'en ai renseignées, et dont la planche III fournit plusieurs spécimens.

Comme annexe à l'usage de la boussole, des observatoires devraient être établis aux siéges administratifs des principaux centres miniers, à l'effet de pouvoir donner aux géomètres la déclinaison à toute époque de l'année, et y faire les observations sur les variations qu'elle subit.

Ces mesures adoptées, il ne resterait plus à régler que la question relative au contrôle du service des plans. Actuellement, ce contrôle est effectué en Belgique par les ingénieurs du service ordinaire de l'administration. On ne possède pas, comme en Allemagne, des géomètres-inspecteurs, attachés à l'administration, et qui, par leur surveillance incessante dans les bureaux, et par leurs tournées périodiques dans les différentes mines de leur circonscription, vérifient les opérations des géomètres. Ce contrôle fournit des garanties sérieuses et efficaces, que l'on ne peut obtenir actuellement en notre pays, par suite de l'impossibilité matérielle, pour les ingénieurs du service ordinaire, d'affecter le temps nécessaire à la vérification de tous les détails ; et certes, ce n'est point parce que l'on vérifie les niveaux parvenus à la limite des concessions que l'on peut avoir la conscience rassurée sur la parfaite exécution des plans. Il y aurait donc, encore à cet égard, un utile enseignement à prendre dans les traditions de l'administration allemande. Pour le moment, c'est, au point de vue du personnel, la seule différence sérieuse existant entre celle-là et la nôtre.

Elle disparaîtrait du jour où les agents du service spécial de la carte générale des mines seraient disponibles pour la vérification des plans. Le dépouillement de ces derniers et la confection des coupes verticales fournissent, en effet, au personnel chargé de l'exécution de cette carte, la plus grande facilité de contrôler la bonne tenue des registres d'avancement et des plans. On sait, en effet, que ces coupes dénotent immédiatement les erreurs existantes, dès que l'on y a reporté les travaux effectués dans les différentes couches d'une mine en exploitation.

Sans introduire de réforme radicale dans l'organisation actuelle, l'administration des mines belges possèderait dès lors les moyens d'une sanction nécessaire et suffisante de l'exécution irréprochable des plans.

Pour terminer, j'émettrai, au point de vue des mines belges, les vœux relatifs aux objets suivants :

1° Création d'écoles spéciales à raison des besoins, ou amélioration de celles existantes, de manière à assurer le recrutement des géomètres de mines, dont les garanties de capacité seraient fournies par des épreuves suffisamment rigoureuses.

2° Réformes dans le choix des instruments affectés au lever des plans.

3° Contrôle administratif efficace de la bonne exécution des plans, sous la surveillance des ingénieurs actuels.

4° Création d'un musée des mines qui, indépendamment de la collection des cartes minières du pays publiées jusqu'à présent, renfermerait les roches essentielles des formations, et surtout les horizons caractéristiques intéressant les industries minières principales de la Belgique. — Annexes de ce musée dans les écoles spéciales.

Est-il besoin d'ajouter que la cartographie ne produira tous ses effets, quant à la vulgarisation des connaissances stratigraphiques des gisements, que lorsqu'elle disposera dans chaque pays minier, des moyens abordables par tous de reproduire économiquement les cartes descriptives de ses gisements?

APPENDICE I.

PRIX-COURANT DES INSTRUMENTS GÉODÉSIQUES

Il ne sera pas sans intérêt d'indiquer ci-après les prix des principaux instruments renseignés dans le cours de ce travail, tels qu'ils m'ont été donnés dans les ateliers les plus en renom de l'Allemagne.

INSTRUMENTS DE NIVELLEMENT.

Institut mécanique d'Aug. Lyngke et Cie, à Freyberg.

1. Lunette de nivellement fig. 7, pl. I, avec niveau à bulle d'air fixé sous la lunette ; celle-ci d'un mouvement délicat et d'un grossissement de 20 fois. — Trépied et boîte, fr. 168 75.

2. Lunette de nivellement avec niveau à bulle d'air fixé sous la lunette et sensible à 10″; porte-lunette muni de vis de rectification ; grossissement de 22 fois. — Trépied et boîte, fr. 187 50.

Etablissement d'Osterland à Freyberg.

1. Lunette de nivellement sur vis calantes ; lunette achromatique reposant librement sur un support de couche. Niveau à bulle d'air muni de vis de rectification; l'instrument a un mouvement micrométrique en direction horizontale. — Boîte et trépied (1), fr. 292 50.

2. Lunette de nivellement, de 0^{m}30 de distance du foyer, avec niveau à bulle d'air sensible, mouvement micrométrique en directions horizontale et verticale. — Boîte et trépied, fr. 345 00.

3. Lunette de nivellement, sans mouvement micrométrique vertical, fr. 292 50.

4. Lunette de nivellement, semblable au n° 2, mais avec lunette ayant 0^{m}225 de distance du foyer, fr. 300 00.

(1) Instrument très-recommandable.

5. Lunette de nivellement, sans mouvement micrométrique vertical, fr. 255 00.

6. Instrument de nivellement, avec lunette de 0,225 à 0.25 de distance du foyer, et à laquelle le niveau à bulle d'air est fixé ; mouvement micrométrique horizontal et, comme la précédente, sur monture en laiton avec vis calantes. — Boîte et trépied, fr. 232 50.

7 Instrument de nivellement monté sur noix au lieu de vis calantes, le reste comme le précédent, fr. 206 25.

8. Instrument de nivellement de petit module, sur noix, lunette achromatique, de 0,15 de distance du foyer, niveau à bulle d'air fixé à la lunette avec mouvement micrométrique horizontal. — Boîte et trépied, fr. 165 00.

9. Instrument de nivellement, semblable au précédent, mais sans mouvement micrométrique horizontal, fr. 150 00.

Institut mécanique de Ertel et fils, à Munich.

1. *Instrument de nivellement*, avec monture en laiton sur vis calantes ; cercle vertical de 0.075 de rayon, donnant la minute avec un double nonius ; lunette mobile sur un support de couche et ayant 0,45 de distance du foyer, pouvant également servir au lever des plans, fr. 586 95.

2. *Instrument de nivellement*, avec cercle vertical de 0,062 de rayon et dont le nonius donne la minute ; lunette de 0,325 de distance du foyer, oculaire disposé pour le lever des plans, fr. 430 00.

3 *Instrument de nivellement* monté sur laiton, avec trépied à vis calantes ; cercle vertical de 0,05 de rayon donnant 15′ avec un index ; lunette de 0,25 de distance du foyer. fr. 318 20

4. *Niveau* de construction simple, avec lunette de 0,25 de distance du foyer, sans mouvement micrométrique horizontal, avec mouvement micrométrique vertical, fr. 150 50.

5. *Le même*, sans mouvement micrométrique vertical, fr. 139 75.

Institut mécanique de F. W. Breithaupt et fils, à Cassel.

1. *Instrument de nivellement* simple, avec lunette grossissant

24 fois, pignon à l'oculaire, support faisant corps avec la monture, sur vis calantes. — Trépied et boîte, fr. 157 50.

Instrument de nivellement, avec double cercle vertical, lunette grossissant 30 fois, mobile sur un support de couche ; le cercle vertical, de 0,20 de diamètre, avec limbe en argent divisé en 1/6 de degré, à deux nonius, donnant 10″ et munis de loupes ; mouvement micrométrique ; niveau à bulle longitudinal mobile, et niveau circulaire, fr. 637 50.

INSTRUMENTS AFFECTÉS A LA MESURE DES ANGLES. —
THÉODOLITHES.

Institut mécanique d'Aug. Lyngke et Cie, à Freyberg.

1. *Théodolithe à répétition* : cercle horizontal de 0,20 de diamètre, limbe en argent ; 4 nonius permettent de lire de 10″ en 10″ sur le limbe divisé en 1/6 de degré ; cercle vertical de 0,15 de diamètre, avec limbe en argent : un nonius permet de lire 20″ sur ce limbe divisé en 1/3 de degré. Lunette centrale achromatique grossissant 30 fois ; porte-lunette muni de vis de rectification ; vis de centrage, niveau à bulle d'air sensible à 15″. Loupes aux deux cercles. — Caisse et trépied, fr. 1,012 50.

2. *Le même*, avec limbe argenté. — Caisse et trépied, fr. 975 00.

3. *Théodolithe à répétition :* cercle horizontal de 0,18 et cercle vertical de 0,12 de diamètre, tous deux avec limbe argenté ; deux nonius donnant pour le premier 10″ sur le limbe divisé en 1/6 de degré ; lunette centrale achromatique ; grossissement de 24 fois. Porte-lunette avec vis de rectification, vis de centrage, loupes, niveaux à bulle d'air sensible. — Caisse et trépied, fr. 833 75.

4. *Théodolithe à répétition* : cercle horizontal de 0,15, cercle vertical de 0,12 de diamètre, tous deux avec limbe argenté et divisés en 1/3 de degré. Deux nonius permettent de lire 30″ sur le premier, un nonius permet de lire les minutes sur le second. Lunette centrale achromatique disposée également pour niveler

et grossissant 15 fois, niveau à bulle d'air très-sensible, loupes sur les deux cercles. Le porte-lunette est muni de vis de rectification. — Caisse, fr 600 00.

5. *Théodolithe patenté de géomètre de mines*, dont la préférence est légitimée par une rapide et sûre installation, un facile maniement et une très-grande précision. Cercle horizontal de 0,15 et cercle vertical de 0,12 de diamètre. Deux nonius, au premier, permettent de lire 30″; un nonius au second donne la minute. Le porte-lunette, muni de vis de rectification, a deux niveaux à bulle d'air croisés. La lunette grossissant 15 fois, est disposée pour servir également aux nivellements (1), fr. 656 25.

6. *Théodolithe de mines à répétition*, sur vis calantes, avec cercle horizontal de 0,115 et limbe argenté ; deux nonius avec loupe à la main permettent de lire les minutes sur le limbe divisé en 1/3 de degré. La lunette, grossissant 10 fois, permet des visées sur 60° d'inclinaison ; elle peut aussi être employée pour de petites triangulations à la surface. L'instrument est léger ; sa hauteur est de 0,24. — Caisse, fr. 245 75 (2).

La figure 6, planche II, en donne le type, mais non installé sur vis calantes.

7. *Théodolithe sans répétition* : cercle horizontal de 0,15, sur vis calantes ; cercle vertical de 0,12 de diamètre, le premier avec deux, le second avec un nonius et loupes donnant les minutes. La lunette centrale achromatique, grossissant 15 fois, est disposée pour servir également aux nivellements ; niveau à bulle d'air longitudinal et niveau à bulle d'air circulaire. L'appareil est monté de manière à pouvoir être muni d'une boussole. — Caisse, fr. 468 75.

8. *Le même*, y compris une boussole, fr. 543 75.

9. *Théodolithe à répétition, avec aiguille aimantée.* L'aiguille a 0ᵐ11 de longueur ; le limbe est divisé de 10′ en 10′ ; on lit la graduation à la loupe. Le cercle horizontal a 0,18 de diamètre ;

____

(1) Instrument recommandable.
(2) Cet instrument, nouvellement construit, est hautement apprécié pour les opérations souterraines.

son limbe argenté est muni de deux nonius, permettant de lire de 10″ en 10″ au moyen de loupes. Le cercle vertical a 0,15 de diamètre, avec limbe argenté, permettant de lire 30″ au moyen d'une loupe mobile. Lunette centrale achromatique, grossissant 18 fois, munie de vis de rectification. Niveau à bulle d'air sensible. — Caisse, fr. 937 50.

10. *Théodolithe à répétition avec aiguille aimantée.* L'aiguille a 0,08 de longueur, le limbe est divisé de 10′ en 10′. Deux loupes y sont affectées. Le cercle horizontal a 0,16 de diamètre ; son limbe argenté a deux nonius, permettant de lire de 30″ en 30″, au moyen de loupes, la graduation du limbe divisé en $^1|_3$ de degré. Le cercle vertical a 0,12 de diamètre, avec limbe argenté ; un nonius, avec loupe, permet de lire les minutes. Lunette centrale achromatique, grossissant 20 fois. Elle est disposée pour servir également aux nivellements, et est munie de vis de rectification. Niveau à bulle d'air sensible. — Caisse, fr. 675 00.

La figure 5, planche II, donne le type des deux instruments précédents.

Etablissement de M. Osterland, à Freyberg.

1. *Théodolithe patenté pour les géomètres des mines.* Cercle horizontal de 0ᵐ 137, cercle vertical de 0ᵐ 125 de diamètre, le premier avec deux nonius, le second avec un nonius donnant la minute. La lunette achromatique a 0,20 de distance de foyer ; elle est disposée également pour niveler, et permet de viser sur 70 à 75° d'inclinaison. Le niveau à bulle d'air est placé à angle droit sur l'alidade et l'horizontale de visée. Loupes achromatiques. — Boîte et dossière, fr. 656 25.

2. *Théodolithe à répétition.* Cercle horizontal de 0ᵐ 20 de diamètre avec quatre nonius donnant 10″ et un cercle vertical de 0ᵐ 15 de diamètre avec deux nonius donnant 20″. Lunette de 0,25 à 0,30 de distance de foyer, disposée également pour niveler. Prisme oculaire; deux niveaux à bulle d'air. — Boîte et trépied, fr. 1,012 50.

3. *Théodolithe à répétition,* avec cercle horizontal de 0ᵐ 162;

deux nonius donnant 10″; cercle vertical de 0^m 125, avec nonius donnant la minute ; lunette de 0,225 à 0,25 de distance de foyer; le reste comme dans l'instrument précédent, fr. 712 50.

4. *Théodolithe à répétition :* Cercle horizontal de 0,137, donnant la minute au moyen de deux nonius ; cercle vertical de 0,125, avec un nonius. Lunette de 0,20 de distance de foyer ; niveau à bulle d'air. — Boite et trépied, fr. 543 75.

5. *Théodolithe sans répétition,* le reste comme dans l'instrument précité, fr. 472 50.

6. *Théodolithe* semblable au précédent, mais avec boussole dont le limbe est divisé en degrés et dont l'aiguille a 0,087 de longueur, fr. 547 50.

7. *Théodolithe sans répétition :* cercle horizontal de 0,112, muni de deux nonius donnant la minute ; cercle vertical de 0,087 avec un nonius ; un niveau à bulle d'air sur l'alidade, lunette de 0,15 à 0,175 de distance de foyer.— Boite et trépied, fr. 318 75.

Institut mécanique de Ertel et fils, à Munich.

1. *Théodolithe,* avec cercle horizontal de 0,375, donnant les secondes au moyen de deux microscopes. Cercle vertical de 0,225 avec deux nonius. La lunette centrale, a 0,60 de distance de foyer et deux oculaires, fr. 2.709 00.

2. *Théodolithe* semblable, mais avec cercle horizontal de 0,30, cercle vertical de 0,20 et lunette de 0,525 de distance de foyer, donnant 10 secondes avec deux nonius, fr. 2,485 25.

3. *Théodolithe* semblable, mais avec cercle horizontal de 0,25, et cercle vertical de 0,15, lunette de 0,45 de distance de foyer, fr. 2,145 70.

4. *Théodolithe* semblable, avec cercle horizontal de 0,20, cercle vertical de 0,125, lunette de 0,35 de distance de foyer, fr. 1,917 30.

5. *Théodolithe de surface à répétition,* avec cercle horizontal de 0,225 et quatre nonius, cercle vertical de 0,15 avec deux nonius. Lunette centrale de 0,25 de distance du foyer et trois niveaux à bulle d'air, fr. 1,401 80.

6. *Théodolithe à répétition* avec cercle horizontal de 0,125 et deux nonius, cercle vertical de 0,112 et un nonius, lunette de 0,225 de distance du foyer, le reste comme le précédent, fr. 653 60.

Institut mécanique de F. W. Breithaupt et fils à Cassel

1. *Théodolithe des mines*, fig. 3 et 4, pl. II, avec cercle horizontal de 0,12 de diamètre, limbe d'agent divisé en 1/2 degré et donnant la minute au nonius, lunette sur pignon grossissant 18 fois. Cercle vertical avec alidade et double nonius avec la même division qu'au cercle horizontal; niveau à bulle d'air, le tout monté sur vis calantes, fr. 281 25.

Deux signaux de mine et de surface, fig. 5, pl. I, transparents, de construction nouvelle, **fr. 112 50.**

Deux lampes de signaux (d'après Weissbach), fr. 26 25.

2. *Théodolithe de mine à répétition*, avec cercle horizontal de 0,14 de diamètre, limbe en argent divisé en 1/3 de degré, avec nonius, donnant la 1/2 minute; lunette grossissant 24 fois, disposée également pour niveler, loupes, le reste comme au précédent, fr. 581 25.

3. *Petit théodolithe de mine à lunette excentrique*, fig 2, pl. II Cercle horizontal de 0,08, avec nonius, donnant la minute, lunette latérale grossissant 12 fois, boussole à limbe de 0,064 de diamètre, divisé en 1/2 degré, avec niveau à bulle d'air; le cercle horizontal est muni d'une vis micrométrique; l'appareil peut également servir aux nivellements. — Boîte, trépied et loupes, fr. 315 00.

4. *Théodolithe de surface à répétition*, avec cercle horizontal de 0,15 de diamètre, limbe en argent, divisé en 1/3 de degré, et dont le nonius donne 30 secondes; lunette grossissant 25 fois avec disposition se prêtant au nivellement. — Caisse, trépied et accessoires, fr. 534 37.

5. *Théodolithe de surface à répétition*, avec cercle horizontal de 0,20 et cercle vertical de 0,15 de diamètre; le limbe en argent du premier est divisé en 1/6 de degré, donnant 10 secondes au moyen de deux nonius; le second est divisé en 1/3 de degré, donnant 30 secondes avec un nonius, munis l'un et

l'autre de loupes; lunette grossissant 36 fois; niveaux à bulle d'air. — Boîte et trépied avec accessoires, fr. 796 87.

BOUSSOLES.

Institut mécanique d'Aug. Lyncke et Cie à Freyberg.

1. *Boussole de suspension* de construction nouvelle : l'aiguille est munie d'un arrêt central de Lyngke : elle a 0,11 de longueur ; le limbe est divisé en 1/2 degrés. Le demi cercle vertical, de 0,26, est divisé en 1/5 de degré : le tout se place dans une pochette. A l'instrument sont adjoints six écrous en laiton pour fixer le cordeau aux boisages, six broches en bois, une chaîne de 10 mètres et un mètre en bois, fig. 1 et 2, pl. III, fr. 292 50

2. *La même* avec aiguille de 0,09 et demi-cercle vertical de 0,24, fr. 270 00.

3. *La même* avec aiguille de 0,08, fr. 255,00

Etablissement de M. Osterland à Freyberg.

1. *Boussole de suspension* patentée d'Osterland, fig. 4, 5 et 6, pl. III (1), comprenant une boussole dont l'aiguille a 0,087 de longueur, un demi-cercle vertical de 0,25 de diamètre et un étui, fr. 255 00.

Appendices : Chaîne de 10 mètres en fil de laiton, fr. 11 37.

12 écrous en laiton avec clef, fr. 9 37.

2 estomacs avec cordeau, fr. 11 25.

Institut mécanique de Breithaupt et fils à Cassel.

1. *Boussole de suspension* avec aiguille de 0,10 de longueur. Limbe divisé de droite à gauche en 24 heures et en 1/2 degré, avec ajustages de suspension, fr. 227 50.

Demi-cercle de 0,285 de diamètre, divisé en 1/6 de degré fr. 30 00.

2. *Boussole de suspension*, avec aiguille de 0,072, divisée en 1/16 d'heure avec ajustages de suspension, fr. 150 00.

____

(1) Instrument très-recommandable.

Demi-cercle de 0,235 de diamètre, divisé en 1/4 de degré, fr. 18 75.

Institut mécanique de Lyngke et Cie à Freyberg.

1. *Boussole fixe*, montée sur vis calantes. L'aiguille a 0,11 de longueur, avec arrêt central de Lyngke; le limbe est divisé en 1/2 degré. La lunette centrale, achromatique, est disposée pour permettre à l'appareil de servir également au nivellement et grossit 12 fois. Le cercle vertical, de 0,12, est divisé en 1/3 de degré, donnant la minute au moyen d'un nonius avec loupe. Un niveau longitudinal est placé au-dessus de la lunette, un niveau circulaire en-dessous, fig. 8, pl. III (1 , fr. 375 00.

2. *Boussole semblable*, mais avec aiguille de 0,09 et lunette grossissant 12 fois, fr. 356 25.

3. *Boussole* de construction nouvelle; cercle horizontal de 0,16, cercle vertical de 0,12 de diamètre, tous les deux munis de nonius et loupes; lunette grossissant 18 fois, disposée pour permettre de s'en servir également au nivellement: niveaux à bulle d'air longitudinal et circulaire, aiguille de 0,08 de lon·gueur. — Boîte, fr 450 00.

Etablissement de M. Osterland à Freyberg.

1. *Boussole fixe*, avec lunette achromatique de 0,20 de champ, disposée pour servir également aux nivellements; le nonius du cercle vertical donne la minute; le limbe est partagé en 1/2 degré; l'aiguille très-sensible, de 0,10 de longueur, est munie d'un arrêt à levier; l'instrument repose sur vis calantes et possède un mouvement micrométrique en directions horizontale et verticale. — Loupe, boîte et trépied, fr. 356 25.

2. *Boussole fixe*, comme la précédente, montée sur vis calantes, avec mouvement horizontal micrométrique; aiguille de 0,087 de longueur, lunette achromatique de 0,15 de distance du foyer, disposée pour servir également aux nivellements.—Boîte et trépied, fr. 243 75.

3. *Boussole fixe*, avec un mouvement micrométrique vertical, fig. 9, pl. III; en plus, fr. 11 25.

(1) Instrument très-recommandable.

4. *Boussole fixe*, avec un cercle vertical, donnant la minute au nonius; en plus, fr. 37 50.

5. *Boussole d'excursion*, d'un transport facile, fig. 7, pl III ; lunette achromatique de 0,125 de distance du foyer, se prêtant aux nivellements ; cercle vertical de 0,075 de diamètre, avec nonius et mouvement micrométrique ; aiguille de 0,062 de longueur et loupe à la main, le tout monté sur noix ; le trépied, en laiton, peut se démonter et être transporté dans un fourreau en cuir de 0,90 de longueur et 0,037 de diamètre, fr. 281 25.

Institut mécanique de Ertel et fils à Munich.

1. *Boussole fixe*, avec lunette montée sur vis calantes, et aiguille de 0,10 de longueur, fr. 161 25.

Institut mécanique de F. W. Breithaupt et fils à Cassel.

1. *Boussole fixe*, fig. 11, pl. III, avec aiguille de 0,125 de longueur, limbe divisé en 1/3 de degré, lunette centrale, le tout est monté sur vis calantes, avec mouvement horizontal sur l'axe central de support. — Boîte, trépied, niveau à bulle d'air et loupe, fr. 283 12.

2. *Boussole fixe*, fig. 10, pl. III, avec lunette grossissant 20 fois, pignon à l'oculaire, cercle vertical, nonius donnant la minute, permettant de viser par coups d'avant et d'arrière, disposée pour servir également aux nivellements, aiguille de 0,125 de longueur, placée excentriquement relativement à la lunette, et dont le limbe est divisé en 1/3 de degré, le tout monté sur vis calantes et trépied, fr. 388 12.

INSTRUMENTS POUR LE SERVICE DES PLANS.

Pantographes :

Institut mécanique de Ertel et fils à Munich.

1. *Pantographe* avec tiges en laiton de 0,90 de longueur pour agrandir et réduire. Assemblage très-simple, mouvement micrométrique pour l'installation des différents organes, fr. 365 50.

2. *Le même*, mais avec tiges de 0,75, fr. 333 25.

3. *Pantographe* analogue au premier, mais avec tiges creuses en laiton, fr. 215 00.

4. *Le même,* mais avec tiges de 0,75, fr. 172 00.

5. *Le même,* mais avec tiges de 0,60, fr. 165 55.

6. *Le même,* mais servant uniquement pour les réductions, fr. 135 45.

Institut mécanique de F. W. Breithaupt et fils à Cassel.

1 *Pantographe* avec tiges creuses en laiton, charnières, échelle et nonius, le tout mobile sur roulettes, mécanisme pour élever et abaisser les pointes, carré de 0,25, longues jambes de 0,50. — Boîte en acajou, fr. 262 50.

2. *Le même,* avec pointes mobiles, une seconde échelle pour les changements de 1/10 à 10/10 et 1/12 à 12/12. Carré de 0,50, longues jambes de 1 mètre et boîte en acajou, fr. 431 25.

APPENDICE II.

COLLECTIONS GÉODÉSIQUES.

L'outillage en instruments de topographie est, comme je l'ai dit, ordinairement des plus complets dans les différentes écoles spéciales, de même que dans les différents siéges de l'administration des mines allemandes.

En ce qui concerne les écoles spéciales, je citerai les collections suivantes :

I. Celle de l'école des mines (Bergacademie) de Berlin, renfermant notamment :

1° Une lunette de niveau de Breithaupt, analogue à celle construite sur les indications de M. Borchers, et décrite précédemment.

2° Un théodolithe, de moyenne portée, pouvant aussi servir aux nivellements : la lunette est centrale. Constructeur : M. Aug. Oertling, à Berlin.

3° Un théodolithe, de surface, avec lunette centrale, grand limbe gradué, un niveau circulaire, à bulle d'air central, et un niveau longitudinal supérieur ; quatre microscopes. Constructeur : M. Oertling, à Berlin.

4° Théodolithe, à grande portée, de Pistor et Martins.

5° Une boussole, avec lunette inférieure centrale. Constructeur : M. Breithaupt, à Cassel.—Trois niveaux à bulle d'air, un circulaire, au-dessous, et deux longitudinaux se croisant au-dessus de la lunette.

6° Boussoles allemandes à double suspension.

7° Chaînes en fil de bronze et autres.

8° Mires et outils accessoires.

II. Celle de l'école des mines (Bergacademie) de Clausthal, renferme les instruments ci-après :

1° Deux lunettes de nivellement :

2° Deux théodolithes.

3° Trois boussoles.

4° Deux planchettes.

5° Un héliotrope pour éclairer les signaux dans les grandes triangulations.

6° Un sextant à réflexion.

7° Un planimètre, système Amsler.

8° Les appareils accessoires, nécessaires aux opérations.

Le gouvernement allemand vient de fournir les fonds nécessaires pour compléter cette collection par tous les instruments dont M. Borchers a consacré l'usage.

III. Celle de l'école des mines (Bergacademie) de Freyberg est, sans doute, la plus considérable. Voici le dénombrement des instruments qu'elle renferme dans trois salles, et qui ont coûté 70,000 francs environ :

1° Huit lunettes à niveau de différents systèmes.

2° Niveaux, composés de simples alidades sans lunettes, destinés aux nivellements superficiels, niveaux longitudinaux à bulle d'air. — Constructeur, M. Osterland, à Freyberg.

3° Mires ordinaires et mires spéciales, en trois parties, à l'usage des mines ; cet agencement permet de les allonger ou de les raccourcir, selon les besoins.

4° Voyants de mires pour l'usage souterrain : ils sont en porcelaine avec cercle noir extérieur et central.

5° Trois goniomètres, coûtant chacun 1,600 francs, construits par Osterland, à Freyberg.

6° Huit théodolithes de surface, de différentes formes et puissance, avec deux microscopes et deux niveaux à bulle d'air, construits par Lyngke et Cie, à Freyberg.

7° Un théodolithe de surface, avec lunette centrale, aiguille aimantée, deux forts microscopes pour lire la graduation, deux autres plus petits, pour mesurer les degrés de l'aiguille, un niveau à bulle d'air longitudinal.

8° Cinq sextants de différents systèmes.

9° Une boussole dite *Brathuhn'svisir Instrument*.

10° Différentes équerres à miroirs simples et doubles, et équerres d'arpenteur.

11° Sept boussoles allemandes, à double supension, avec boîtes en cuir, et sept boussoles, agencées dans leur cadre rectangulaire, en cuivre, servant au report des levers sur les plans.

12° Chaînes en fer, en cuivre et en fil de bronze, avec gaînes en cuir pour les transporter.

13° Mètres en bois et en acier. Ces derniers sont entourés d'une enveloppe carrée en bois, et portent à leurs extrémités métalliques une rainure d'assemblage, qui permet une rigoureuse juxtaposition. Deux grandes boîtes renferment chacune deux règles de ce genre, ayant chacune 2 mètres de long.

14° Douze rubans en acier de différentes longueurs.

15° Règles en bois, de 4 mètres chacune de long, pour chaînage de surface.

16° Mètre, avec alidade mobile, pour mesurer exactement les fractions de mètre.

17° Coins, en cuivre et en acier, pour mesurer les petites différences de chaînage aux abouts de deux règles.

18° Deux grandes boîtes, renfermant chacune quatre supports pour les règles de mesurage en acier, supports qui se placent sur des trépieds.

19° Huit lunettes pour l'usage de la planchette, avec tables et feuilles de papier collées.

20° Arithmomètre pour calculer, de Thomas, de Colmar à Paris, coûtant 500 francs. Cet appareil n'a qu'une durée d'usage relativement courte.

21° Deux rapporteurs circulaires de Lyngke avec loupes.

22° Echelles pour le report au plan en papier collé sur bois sec.

23° Nombre considérable de trépieds pour les instruments géodésiques. Des chapeaux en cuir permettent d'en garantir les tables et les armatures en cuivre

24° Nombre considérable de jalons, les uns surmontés de petits drapeaux blancs et rouges. — Mires.

25° Quatre parasols.

26° Un instrument pour mesurer la vitesse de la marche.

27° Appareil pour mesurer la profondeur d'un puits.

28° Jalons spéciaux, remplaçant l'emploi des fiches.

29° Nombre considérable de petits paniers, renfermant des fiches en bois, nécessaires pour les opérations à la planchette, et picots de différentes forme et longueur.

Les bureaux des différents siéges de l'Administration des mines allemandes possèdent aussi un outillage très-complet pour les opérations géodésiques.

J'ai déjà indiqué les instruments employés par M. Borchers, géomètre-inspecteur dans la circonscription de Clausthal, et dont quelques-uns y existent en plusieurs spécimens. Je signalerai encore spécialement ceux des Administrations minières de Halle et de Breslau.

A l'Administration de Halle, la collection géodésique renferme notamment :

1° Une lunette à niveau sans table; la douille supportant la lunette, pénètre directement dans la tige du trépied. On la met de niveau comme suit ; deux vis de pression agissent à la base de la douille ; à l'opposite est un ressort qui presse suivant une direction intermédiaire entre les deux vis. Ce procédé est très-rapide d'exécution. Un niveau ordinaire à bulle d'air est installé au-dessous de la lunette. Constructeur : J. H. Schmidt (Noekler) à Halle.

2° Théodolithe de Brathuhn, pouvant aussi servir aux nivellements, niveau circulaire en dessous, niveau ordinaire à bulle d'air au-dessus, grand limbe gradué.

3° Différentes boussoles allemandes, à double suspension, avec étuis en cuir. L'une est du système Braunsdorf, c'est-à-dire qu'elle est armée d'un bras de levier de suspension latéral, pour faciliter la lecture. C'est une complication peu utile.

4° Cordeaux enroulés pour pendre la boussole et servir au mesurage.

5° Écrous, en fer et en cuivre, pour attacher le cordeau aux boisages ; picots avec bouts filetés pour faire entrer les écrous dans les bois des galeries. — Ecrous pour servir de supports aux théodolithes.

6° Déclimètre avec fil en cheveu.

7° Règles de 2 mètres pour chaîner suivant les cordeaux.

8° Mire en bois, en deux parties, raccordées par une articulation de manière à pouvoir les replier l'une sur l'autre. Un petit plateau, se rabattant à volonté, permet d'y placer un niveau circulaire à bulle d'air.

9° Rapporteur en cuivre, consistant en une tablette portant au centre une ouverture circulaire dans laquelle s'installe la boussole qui a servi aux opérations.

10° Rapporteur de Breithaupt, de Cassel, avec microscope.

A l'Administration des mines de Breslau, j'ai rencontré notamment parmi les instruments géodésiques :

1° Un grand théodolithe de Breithaupt et fils à Cassel, coûtant 1,125 francs. La lunette a un double réticule croisé, ce qui n'est pas préférable au simple réticule ordinaire; elle permet de prendre des visées de 17 kilomètres.

2° Une boussole avec lunette centrale inférieure, de König, à Breslau, et coûtant 675 francs.

3° Une lunette de Touber, à Leipzig, pour niveler.

Enfin, tous les instruments habituels usités dans la pratique journalière.

Je citerai pour mémoire l'instrument relativement récent, dit

Tachymeter, et permettant de mesurer les longueurs d'après les observations à la lunette. MM. Starke et Kammerer, à Vienne, ont la spécialité comme constructeurs de ces appareils, très en vogue pour les opérations de tracés à la surface.

APPENDICE III.

COLLECTIONS CARTOGRAPHIQUES.

Le musée des mines de Berlin, qui peut être considéré comme représentant la situation de la cartographie minière en Allemagne, possède les cartes ci-après détaillées :

1° Carte géologique des provinces rhénanes et de la Westphalie, par Von Dechen.

2° Grande carte géologique des provinces rhénanes et de la Westphalie, par Von Dechen.

3° Carte du bassin houiller de la Westphalie, avec coupes.

4° Carte géognostique des houillères de la Westphalie (niveau d'exploitation avec raccordements hypothétiques). Echelle 1/64,000.

5° Carte des couches des houillères westphaliennes du Bas-Rhin, dressée par l'Administration des mines de Dortmund. Elle se compose de 32 sections qui font partie de la grande carte des couches du terrain houiller de la Ruhr à l'échelle de 1/12,800. Elle a été publiée avec les ressources de la caisse de la société d'exploitation foncière à Bocchum, et imprimée par M. Léopold Kraetz, lithographe, à Berlin. Elle représente : 1° l'exploitation de toutes les houillères de ce district et des limites de leurs droits d'exploitation ; 2° la topographie des localités y attenant, généralement les villes et villages, les établissements industriels, ainsi que les chaussées et les chemins vicinaux, les voies ferrées avec leurs embranchements, les rivières, etc. Elle se vend 120 francs, chaque section se paie fr. 7 50. Pour obtenir telle ou telle section, on peut s'adresser à la caisse de la société d'exploitation foncière de la Westphalie à Bocchum (Berggewerk-schaft).

6° Coupes verticales du terrain houiller de la Westphalie et du Bas-Rhin.

7° Couches du bassin houiller de la Westphalie indiquées en profils et comparées les unes aux autres dans la zône reconnue caractérisant l'étage moyen de ce bassin, d'après les travaux effectués dans les différentes mines.

8° Carte géologique de la Haute Silésie par Roemer.

9° Carte des couches de houille et filons de la Haute Silésie, par Hörold.

10° Profil idéal des mines de houille de la Haute Silésie.

11° Profils des couches du puits Louise et du puits König en Haute Silésie.

12° Coupes relatives à l'exploitation des puits Appel et Thérèse, en Haute Silésie.

13° Coupes relatives à l'exploitation de la calamine à Scharley, en Haute Silésie.

14° Photographies d'empreintes végétales houillères de la Haute Silésie.

15° Carte de la Basse Silésie, par Von der Heydt.

16° Profil géologique idéal des mines de houille de la Basse Silésie.

17° Carte des travaux miniers exécutés de 1856 à 1865 dans les montagnes du Hartz occidental par Borchers.

18° Coup-d'œil d'ensemble sur l'aménagement des eaux dans le Haut Hartz du Nord-Ouest, par Dumreicher, 1866, Clausthal.

19° Carte géologique des provinces saxonnes de Magdebourg jusqu'au Hartz, par J. Eweld. Echelle 1/100,000. (Elle présente l'assemblage des travaux d'exploitation avec raccordements hypothétiques).

20° Carte d'assemblage des travaux d'exploitation des couches de houille dans le district de Saarbrück. Echelle 1/40,000.

21° Profil des couches de Duttweiler, près Saarbrück.

22° Profil des couches de Wellesweiler, près Saarbrück.

23°   Id.   Roden et Steinitz,   id.   Echelle de 1/1,600.

24° Coupe verticale de la mine de houille Maria dans le district de Bonn. Echelle 1/2,000.

25° Niveaux d'exploitation dans les couches de houille exploitées aux environs d'Aix la-Chapelle, avec coupes.

26° Plan horizontal général des couches de houille du bassin de la Wurm. Echelle de 1/10,000.

27° Coupe verticale du terrain houiller de la Wurm.

28° Carte générale de la répartition des substances minérales exploitables de la circonscription de Halle, avec une coupe verticale.

29° Carte géognostique de l'Allemagne et de la Suisse, par H. Bach.

30° Enfin le gite des mines de sel de Stasfurt est représenté par coupes verticales dessinées sur des glaces en verre, se croisant verticalement; l'ensemble de ces profils donne une idée précise de la configuration du dépôt.

TABLE DES MATIÈRES

PAGES.

———

3 PLANCHES.

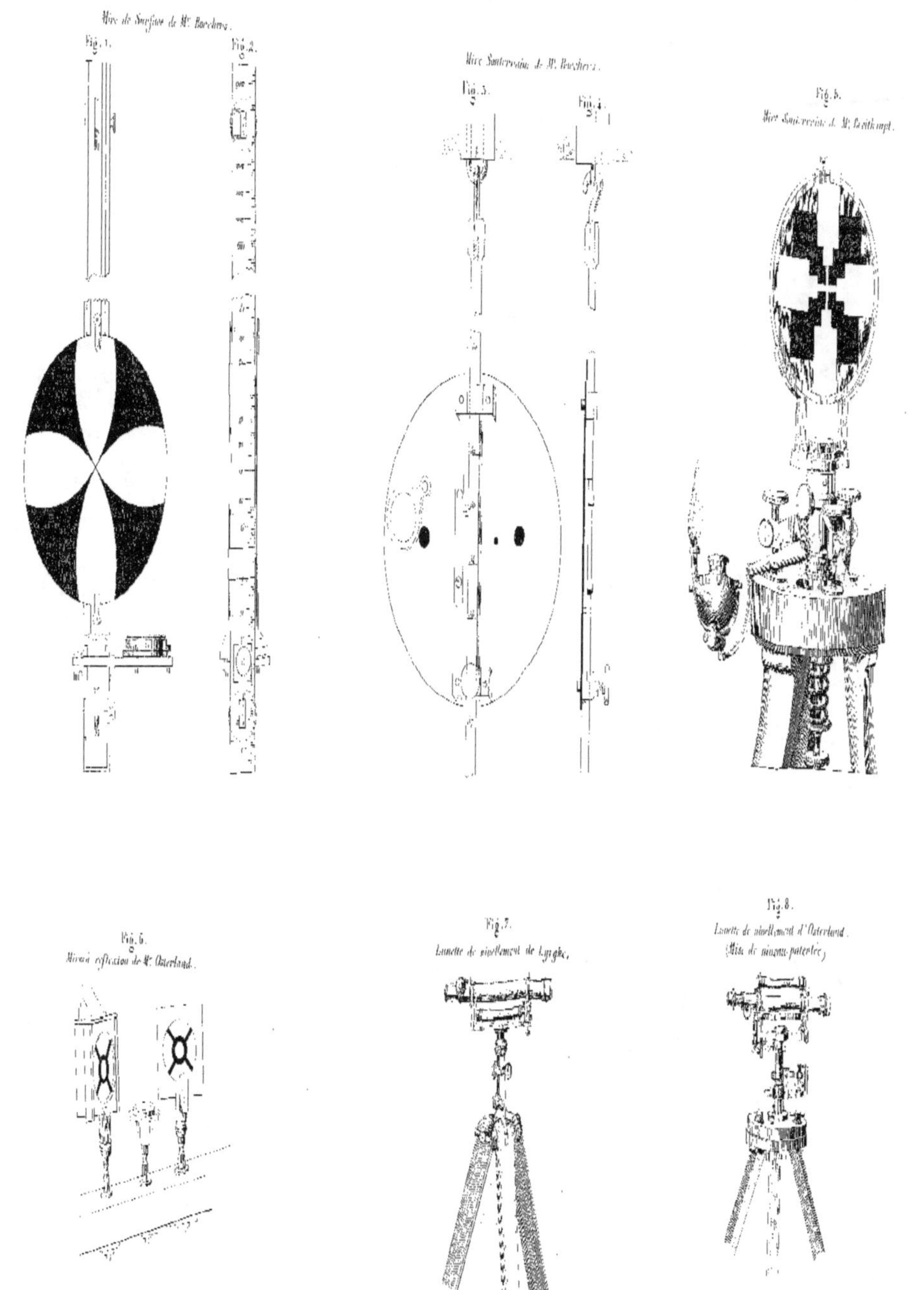
Mire de Surface de Mr. Borchers.
Fig. 1.
Fig. 2.
Mire Souterraine de Mr. Borchers.
Fig. 3.
Fig. 4.
Fig. 5.
Mire Souterraine de Mr. Breithaupt.
Fig. 6.
Niveau à réflexion de Mr. Osterland.
Fig. 7.
Lunette de nivellement de Lynghe.
Fig. 8.
Lunette de nivellement d'Osterland.
(Mire de niveau patentée.)

Fig. 3.
Théodolithe des Mines de Freiberg.

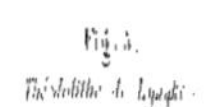

Fig. 1.
Théodolithe de M. Bauernfeind.
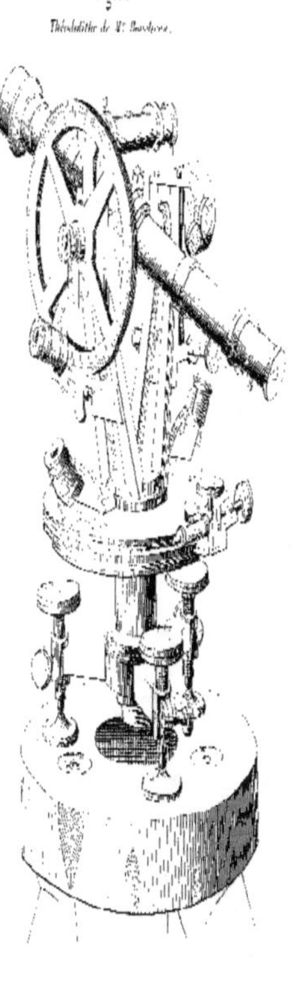

Fig. 5.
Théodolithe de Lyaght.
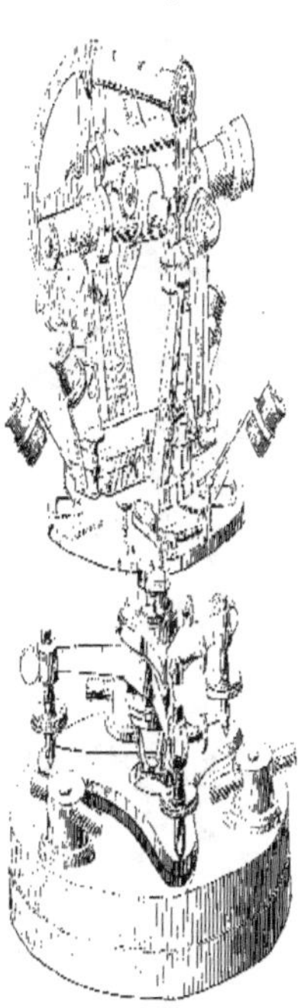

Fig. 2.
Petit Théodolithe des Mines.
(Breithaupt à Cassel.)

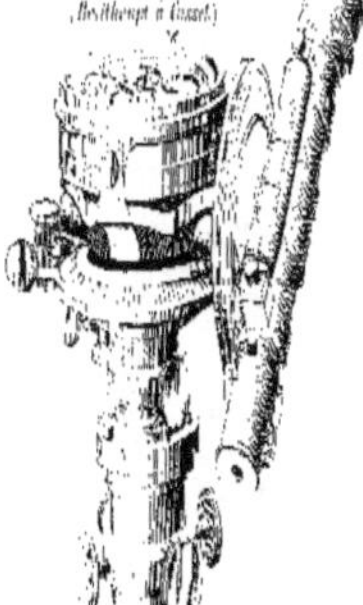
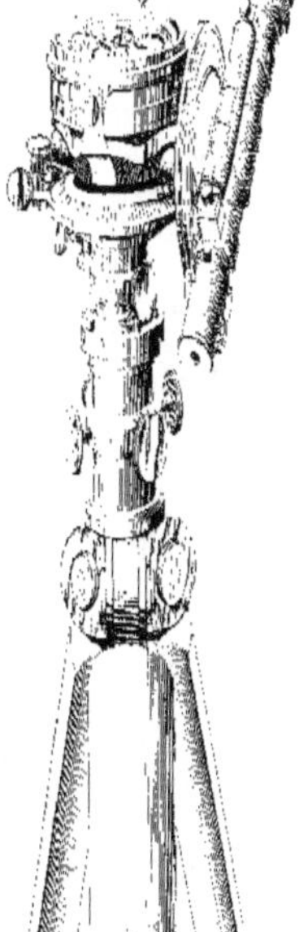

Fig. 4.
Boussole suspendue du Théodolithe des Mines de Freiberg.
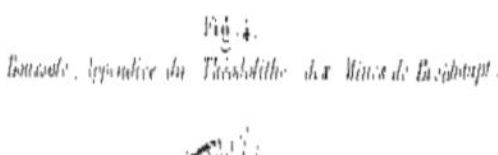
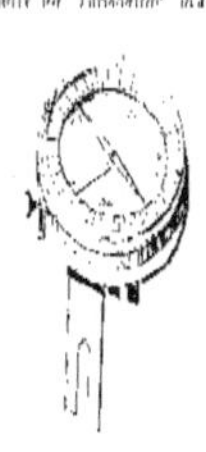

Fig. 6.
Théodolithe de faible portée de Lyaght.

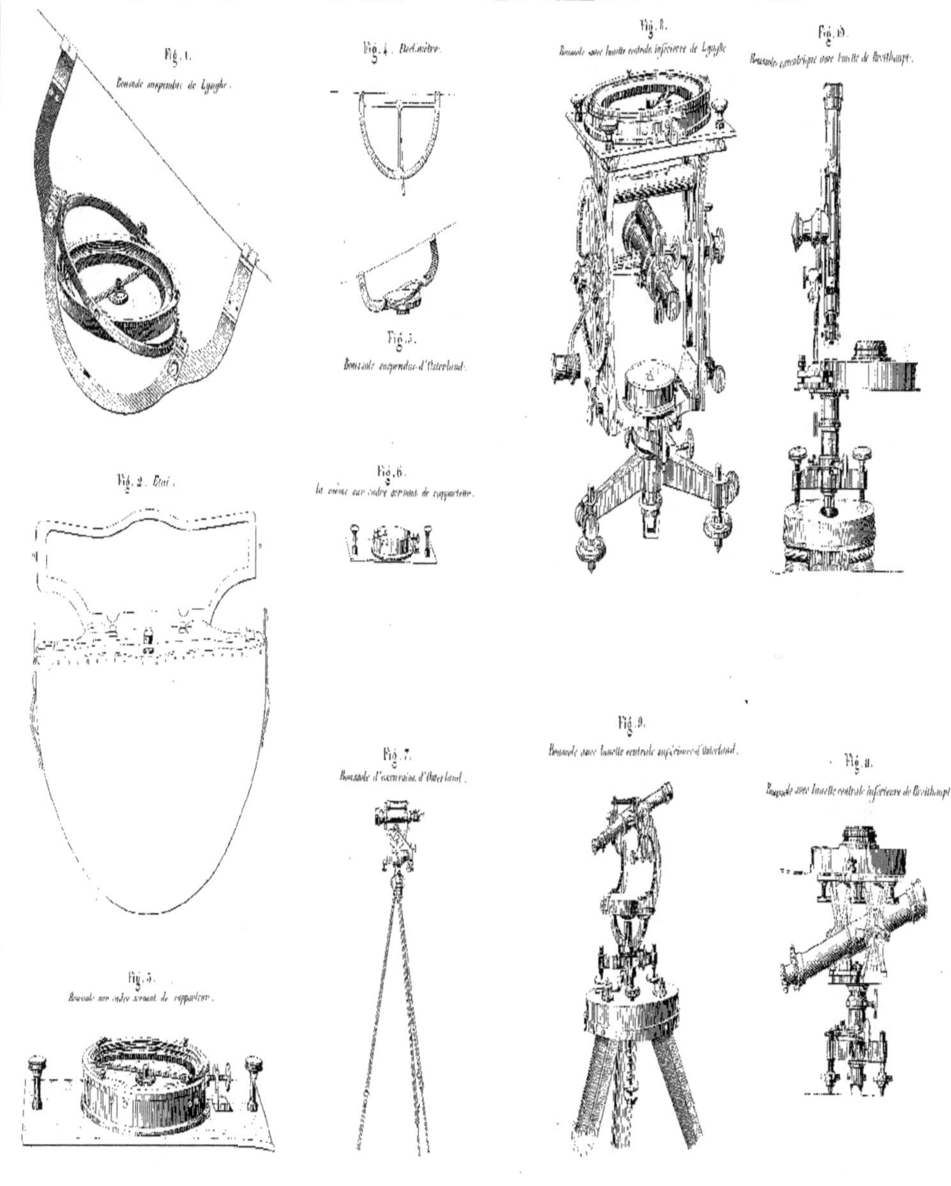

CARTOGRAPHIE MINIÈRE.—INSTRUMENTS.—BOUSSOLES.
Pl. III
Fig. 1.
Boussole suspendue de Lyaghe.
Fig. 4. Declinètre.
Fig. 5.
Boussole suspendue d'Oterland.
Fig. 8.
Boussole avec lunette centrale inférieure de Lyaghe
Fig. 10.
Boussole excentrique avec lunette de Breithaupt.
Fig. 2. Etui.
Fig. 6.
la même sur cadre servant de rapporteur.
Fig. 3.
Boussole sur cadre servant de rapporteur.
Fig. 7.
Boussole d'excursion d'Oterland.
Fig. 9.
Boussole avec lunette centrale supérieure d'Oterland.
Fig. 11.
Boussole avec lunette centrale inférieure de Breithaupt
Annales des trav. publ. Tom. 22, Pages 24, 25, 26, 27, 80, 81, 93, 94 et 95.

www.ingramcontent.com/pod-product-compliance
Lightning Source LLC
LaVergne TN
LVHW021901170726
843503LV00003B/1334